罗亚文·主　编　　张晓琴·副主编

数字化战略
与数字化安全

Digital Strategy

&

Digital Security

时事出版社

北京

图书在版编目（CIP）数据

数字化战略与数字化安全/罗亚文主编；张晓琴副主编. —北京：时事出版社，2024.6

ISBN 978-7-5195-0581-3

Ⅰ. ①数…　Ⅱ. ①罗…②张…　Ⅲ. ①数字化—研究　Ⅳ. ①TP3

中国国家版本馆 CIP 数据核字（2024）第 069064 号

出 版 发 行：时事出版社
地　　　　址：北京市海淀区彰化路 138 号西荣阁 B 座 G2 层
邮　　　　编：100097
发 行 热 线：（010）88869831　88869832
传　　　真：（010）88869875
电 子 邮 箱：shishichubanshe@sina.com
印　　　刷：北京良义印刷科技有限公司

开本：787×1092　1/16　印张：16　字数：236 千字
2024 年 6 月第 1 版　2024 年 6 月第 1 次印刷
定价：98.00 元

主　编：罗亚文

副主编：张晓琴

编　辑：杜　湘　陈　强　轩琳芸

　　　　陈星佑　韦　伟　白　胜

　　　　李超群　罗子骏

推荐序一：开启数字新纪元

近年来，随着5G、区块链、物联网、云计算，特别是以ChatGPT为代表的人工智能等数字技术爆发式发展，数字技术不仅与传统产业加速融合，更持续催生出一大批新场景、新应用、新业态，它们深刻影响改造着人类社会，不断重塑重构着人类的生产生活方式，推动世界加速进入奇妙万千、精彩纷呈的数字新纪元。习近平总书记深刻指出，"数字技术正以新理念、新业态、新模式全面融入人类经济、政治、文化、社会、生态文明建设各领域和全过程，给人类生产生活带来广泛而深刻的影响"。

新一轮科技革命和产业变革带来了新的发展机遇，全球各个国家和地区都在加紧制定出台数字化发展战略，希望在数字化发展浪潮中抢占先机。未来围绕数字技术的产业竞争、国际规则及技术标准博弈必将更加激烈。与此同时，数字化安全风险使网络安全、数据安全、人工智能安全和个人信息保护等问题更加突出，给国家安全、社会治理、组织管理、公民隐私带来新的更大挑战，甚至成为关键影响变量。党的二十大报告指出要"统筹发展和安全"，二十届中央国家安全委员会第一次会议强调，要"提升网络数据人工智能安全治理水平"，反映了党中央高度关注数字化安全风险、高度重视数字化安全治理。目前，业界在数字化安全治理方面的理论研究和实践经验还相对滞后，在此背景下，《数字化战略与数字化安全》一书的出版恰逢其时。

作为数字化知识普及类书籍，本书与市场上同类书籍相比，尽量减少专业术语，以通俗易懂、深入浅出、更接地气的语言，结合大量生动的应用场景、鲜活的典型案例，全面介绍了物联网、区块链、Web3.0、人工智能、元宇宙等数字化领域基础知识，系统梳理了数字技术在经济发展、政府治理、社会文化、生态文明等诸多领域的应用现状。无论读者是否具有数字化领域专业背景，都能轻松愉快地阅读，不为理论和专业知识所困扰，从而了解和掌握数字化发展的当前状况和未来趋势。

全书共五个部分，从时间、空间维度详细介绍了世界各国数字化发展战略，系统梳理了我国数字化发展沿革，能够帮助读者迅速建立起对数字化发展战略的整体认知。本书结合近年来大量典型案例，深入研究剖析了网络安全、数据安全、人工智能安全和个人信息保护等领域数字化安全风险及其特点，提出了政府安全治理、组织安全治理和个人信息保护方面的治理思路，同时给出了具体可行的路径方法指引。

本书聚焦数字化安全风险及其治理，既有理论上的深入探讨，论述精辟、洞察深刻，又有实践上的明确建议，路径清晰、方法得当。本书既穿透当下，又指向未来，分析展望了数字化引领经济发展、产业变革、城市治理、安全治理以及数字化科技创新趋势，做出了有价值的研判预测，更提出了数字化未来如何更好统筹发展与安全的建议，这些真知灼见为我们带来诸多启发。

展望未来，人类社会必将更加深入地走进万物感知、万物互联、万物智能的数字时代。我们都需要勇敢接纳数字化变革、积极拥抱数字化转型。本书既为政府、企业在数字化转型过程中更好统筹发展与安全提供了十分有益的参考，也有助于个人了解掌握数字化基础知识，提升自身数字时代素养，不失为一本内容丰富、有思想、有价值的专业书籍，值得品读。

中国工程院院士

中国信息安全测评中心教授　黄殿中

2024 年 2 月

推荐序二：善用数据，重视安全

习近平总书记在党的二十大报告中对"推进国家安全体系和能力现代化，坚决维护国家安全和社会稳定"作出专章论述和战略部署，鲜明提出"以新安全格局保障新发展格局"的重大要求，充分体现了党中央统筹发展和安全、协调推进构建新发展格局和新安全格局、实现高质量发展和高水平安全良性互动的重大战略考量。人类社会正处于大数据时代。数据，作为这个时代的"主角"，已被视作与土地、劳动力、资本、技术并列的五种生产要素之一。全面数字化的重要性越发凸显，数字化的安全保障也越发迫切，如何落实好党的二十大精神，统筹好数字化的发展和安全问题，是当下学术界和产业界都在探索的课题，本书正是作者的应时之作，是在统筹数字化发展和安全领域的全新探索。

一是概述了数字化通识，简单易懂。在本书中，作者以一个案例讲述了学校不同时期的发展情况，接着详细介绍了数字化的内涵、外延、技术、基础设施、应用、成效，用词简单、易懂，让读者对数字化的相关知识有直观的认识，帮助读者较为快速地建立起数字化知识的框架体系，更有效地落实数字化发展战略。

二是介绍了数字化全球发展战略，视野宏阔。在本书中，作者将视野由远及近，首先介绍了美国、欧盟、英国、德国、日本等世界主要经济体的数字化战略，再将视野拉近，详细讲述了我国从党的十八大以来党和国家统筹发展大局制定的各项数字战略、政策，最后将视野放到地方层面，详细介绍了北京、上海、浙江、福建、广东、重庆等地的数字化落地落实情况，帮助读者全面了解国内外数字化发展现状，更细致地制定数字化发展战略。

三是总结了数字化风险，居安思危。在数据时代，数据窃取和破坏的安全事件时有发生，新的攻击和外部数据安全威胁层出不穷。作者在本书中对国家安全风险进行了剖析，详细介绍了网络安全风险、数据安全风险、个人信息安全风险、人工智能安全风险，以丰富翔实的案例告知读者要时刻重视安全，帮助读者筑牢风险防范意识，制定更全面的数字安全防护策略。

四是梳理了数据安全治理思路，易于实践。数据是数字化时代赠予人类社会最宝贵的财富，而充分挖掘使用的基础是有效的数据安全治理。作者从国家层面、组织层面、个人层面对数据安全治理进行了详细的梳理，并列举了部分行业开展的数据安全治理实践，让读者对数据安全治理有详细的认知，能够帮助读者所在组织机构快速地开展数据安全治理实践。

五是预测了数字化发展趋势，启发性强。数字化将会给人类社会带来什么样的转变，目前还无法准确得知。作者在书中对数字化发展趋势、数字化科技创新趋势、数字化发展面临的挑战进行了预测，同时提出了自己对数字化发展的建议，启发读者对未来进行思考，能够帮助读者对未来数字化做好认知准备，更有规划地迎接即将到来的新机遇。

通览全书，作者以时间为线、以数据为基础、以案例为说明，循序渐进，娓娓道来，主旨突出，主题鲜明，集中体现了作者的大数据观，即全面统筹数字化战略和数字化安全。希望读者能切实感受到数字化发展的勃勃生机，开展全面的数字化建设，树立数字化安全共同体意识，共同参与到数字化的建设中来。

中国工程院院士 沈昌祥

2024 年 2 月

推荐序三：主动适应数字时代

数字化技术的发展，改变了人类生产方式，改变了人类生活方式。在数字化转型过程中，数字经济发展和网络安全保障是数字化"两个轮子"，缺一不可。数字经济的发展为我国社会发展注入了新动力，而网络安全保障则为数字经济发展提供了坚实的安全基础，二者相辅相成，共同推动我国数字化发展的进程，积极拥抱数字化转型，已经成为适应数字化时代需求的必然选择。

本书对数字化技术及其应用进行了深入探讨，构建了数字化知识框架，并从概念、战略、风险、治理和未来五个方面进行系统诠释，从而帮助读者快速理解数字化的核心要义。

作者分析了数字化发展特有的安全风险，重点关注了个人信息风险和人工智能风险，通过一系列案例，实证并揭示了各种风险危害，对数字化安全治理进行了深度剖析，强调安全治理路径的重要性，构建了一个包括国家安全治理、组织安全治理以及个人信息保护等多个层面的治理体系，从多个角度回答了"数字安全治理做什么、怎么做"的问题，结合数字政务、数字制造、数字金融等多场景下的实践，总结提炼了一系列安全能力构建方法。

本书内容丰富，通俗易懂，实例具体，可以给从事数字经济和网络安全技术研究、应用的相关部门领导、专家以及相关管理人员和技术人员提供参考。

中国工程院院士

浙江大学教授

2024 年 2 月

序一：深情拥抱数字社会

21世纪以来，新一代数字技术突飞猛进，催生了社会生产方式的颠覆性变革，驱动数据资源指数级增长和裂变式衍生，促进了数字社会的飞速发展。数字技术提升了信息化、智能化水平，提高了生产生活的效率和质量；数字经济催生了新业态、新模式，促进了经济社会创新发展；数字生活让便利触手可及，一部手机、一张网络，就能解决人们衣食住行问题；数字资源上传到云端，实现互通共享、高效使用……让人们享受数字化浪潮带来的普惠化、精准化、智能化发展红利，不断满足人民群众对美好生活的需求。

数字化发展的浪潮，深刻重塑世界格局，推动经济社会加速变革，谁掌握了数字化发展的主动权，谁就占领了未来发展的制高点。党的二十大提出"加快建设网络强国、数字中国""加快发展数字经济""发展数字贸易""推进教育数字化""实施国家文化数字化战略"等多项数字化发展战略。习近平主席在给2022年世界互联网大会乌镇峰会的贺信中提出，"中国愿同世界各国一道，携手走出一条数字资源共建共享、数字经济活力迸发、数字治理精准高效、数字文化繁荣发展、数字安全保障有力、数字合作互利共赢的全球数字发展道路，加快构建网络空间命运共同体，为世界和平发展和人类文明进步贡献智慧和力量"。这是我们共同期待并切实践行的全球数字化社会发展道路。

数字社会根植于传统社会，却是一种全新的社会现实。数字社会的运转方式、安全风险、对抗方式和复杂程度等，都和之前传统社会有着本质不同，单点的、局部的方案无法满足深度融合的新世界的安全需求，因此安全需被重新定义。在这样一个数字化的时代下，数字社会所需的安全，才是真正的目标，即数字化安全。数字化安全对于个人隐私、企业运营、国家安全等方面都具有非常重要的意义。对于个人来说，数字化安全可有效保护个人隐私和财产安全；对于企业来说，数字化安全可确保企业数据的安全、商业机密的保护和品牌形象的维护。在国家安全层面上，数字化社会的稳定运行需数字安全的可靠保障。因此，数字社会所有的参与者、构建者、守护者，需共同探寻数字化安全在数字社会建设中的发展之道。

面对如滚滚洪流的数字化发展趋势，我们应当努力提升数字意识、学习数字知识、增长数字见识，心怀喜悦、面带笑容、张开双臂，深情拥抱并欢欣融入美好的数字社会。本书全面阐述了数字化战略、数字化安全，给出了数字化治理的路径，内容丰富，相信本书能够帮助读者更加快速、深入地了解数字化战略与数字化安全。

罗宝文

2024 年 2 月

序二：不断提高数字素养

当今世界，数字化发展速度之快、辐射范围之广、影响程度之深前所未有，正成为重组全球要素资源、重塑全球经济结构、改变全球竞争格局的关键力量，世界各国纷纷加强数字社会建设的前瞻性战略布局。面对发展迅猛且与过去迥异的数字社会，需迅速提升全民的数字素养，这既关乎个人发展，又是推动整个社会向数字化转型的关键因素。全民数字素养与技能提升、意识的觉醒是一个长期的过程，需不断学习数字知识、数字技术和数字管理，提高数字认知、数字思维和数字能力。

掌握数字知识。数字时代是人与技术共同进化的时代，这要求我们清楚地认识数字和数字化的本质，以便更好地把握数字时代的发展趋势。我们要系统地学习这些知识，对于数字化概念的理解，本书从案例出发深刻解读"什么是数字化"，通过由内而外的深度诠释，建立数字化知识体系，以便在各个领域中充分发挥数字化潜力。

建立数字观念。要适应数字时代，需舍弃传统观念、建立全新的数字观念，这不仅是个体思维方式的转变，更是对整个社会发展产生深远影响。我们需对数字化战略发展脉络有清晰的认识。本书围绕国际、国家、地方三个层面，细数数字化战略的发展历程，有助于我们明确数字化发展的方向，把握数字化发展的机遇。

认清数字风险。随着5G、云计算、大数据、工业互联网、人工智能、区块链等新兴技术加快交叉融合、迭代创新，带来了便利生活的同时也让我们面临着前所未有的数字风险。在这个高度数字化的时代，信息安全、数据隐私和网络安全等问题日益突出。本书揭示了数字化发展过程中可能面临的各种数字化风险，让读者对数字风险有更深刻的认识，进而增强防范意识。

提升数字技能。数字素养的提升需要与时俱进，不断适应新技术的发展。本书结合多场景下的数字化安全治理实践，总结提炼了数字化安全治理方法，为企业和个体推进数字化转型过程提供了有力的实践指导。

数字化转型不仅是一场技术革命，也是一场认知革命，更是一场思想观念和思维方式的革命。面对风起云涌的数字化浪潮，我们唯有顺势而为、应时而动，不断提升数字技能和数字素养，准确识变、科学应变、主动求变，方能避免被时代潮流淘汰，共同构建一个更具活力、创新力和安全性的数字社会。

2024 年 2 月

目 录
contents

第一章　数字化概述

当前，云计算、人工智能、物联网、大数据等新一代信息通信技术加快发展演进，后疫情时代，世界加速进入数字社会。时代的发展从来不以人的意志为转移，数字化浪潮滚滚而来，我们每一个人都不可避免地被卷入其中。提高对数字化的认识，培养数字素养，将有助于个人、企业、政府把握数字化时代的机遇，加速数字化转型，赢得更好的发展机会。

本章将重点介绍数字化概念、技术和数字化基础设施，并在深入解读"数字化"的基础上，梳理数字化应用，展示数字化发展成效，帮助读者全面地了解数字化。

第一节　数字化概念

一、以一个案例看数字化发展

让我们先通过一个学校的发展，来简单了解一下信息化的发展和数字化转型。

（一）原始时期

假设在某地有一所学校，这所学校有一位善于思考的贾校长和一些学生、工作人员。刚开始建立的时候，学校规模较小，学生人数不多，运转简单且效率较高。在面临如何记录学生、员工、学校基本情况等各类信息的时候，贾校长安排了专人通过在纸质文档上记录的方式来保存这些信息。通过使用纸质文件来记录信息，我们可以称之为原始时期。

（二）电子化时期

随着贾校长励精图治，学校声名远播，慕名而来的学生越来越多，需要的师资力量、后勤保障力量也越来越多，学校规模逐渐扩大，问题也随之而来。贾校长发现采取纸质文件记录信息的方式问题越来越多，如需要更多的记录人员、需要更多的存放空间、需要更多的查询时间，使用更多的纸质文档，耗费更多的管理精力等问题。

面对困难，贾校长开拓进取，积极寻找解决问题的方法。经过一段时间的调查，贾校长决定引进计算机，并聘请 IT 团队开发电子管理系统，用于保存、管理、查询信息。将各类信息电子化管理后，纸张浪费变少了，空间节省了，文档管理便捷了，信息查询高效了，之前的问题迎刃而解了。贾校长对自己引进计算机和管理系统解决问题的方法感到满意。通过将信息变成电子文档进行记录、管理，可以称之为电子化时期。

（三）信息化时期

随着学校的发展，学生、员工的数量进一步增加，学校规模也变得越来越大，贾校长发现以前的电子化管理系统面临新的问题。一是信息管理问题变得越来越复杂。记录的信息种类越来越多，导致信息记录越来越复杂，出错概率逐渐变大；需要录入的数据变多（如学生的出勤信息，数据量庞大，无法全靠手工录入），员工工作效率跟不上；计算机出现故障,导致保存的信息丢失,需要进行手工备份;员工离职,需要进行工作交接和岗前培训等。二是面临新的管理困境。现有的电子记录无法解决学校管理面临的新的困境,无法及时记录学生的出勤情况,无法及时发布课程安排,无法及时查询教室空闲情况,无法全面监管校园安全,无法及时获取学生的就餐情况,无法及时获取学校的物资消耗情况等。

面对困难,贾校长进一步发挥开拓进取的精神,积极寻找解决问题的方法。经过一段时间的调研,贾校长决定进行校园网络信息化改造,并请 IT 团队开发一个校务管理系统,采购了一批考勤机、刷卡机、摄像头等信息采集设备。通过这些设备,想要的信息都能在第一时间进行采集、处理,而且记录准确率、效率提高。如在教室门口配备打卡机,学生的出勤情况就能在第一时间进行记录、处理。通过在校园安装实时监控系统,学校安保力量就能及时全面掌握校园情况。通过在校园网站发布课程信息、值班排班、空闲教室等信息,学生、教职员工就能在线进行查看、查询,如果手机端安装了校园 APP,还能进行各种类型的事前提醒。通过分布式存储系统,所有信息都可以自动进行多点备份,再也没有信息丢失的困扰。通过贾校长的努力,面临的问题再次得到了解决。通过信息处理技术、现代通信技术、数据库技术来进行信息记录、处理、查询,我们称之为信息化时期。

(四)数字化时期

进行信息化技术改造后,学校发展蒸蒸日上,贾校长真切感受到技术带来的便利,随后对学校进行了全面信息化改造升级,并不断进行了优化。

在不断研究下,贾校长发现以往积累的和不断增加的数据存在巨大价值。经过一段时间的调研,贾校长决定进行数字化转型,他聘请了专业的数字化团队来为学校量身打造数字化转型方案。结合招生、就业、成绩等数据,学校制定了更加科学的招生策略;结合就业、学科设置、课程要求等数据,学校制定了更加合理的课程安排;结合就餐、出行、生活费等数据,学校制定了更加精准的补助策略。贾校长通过整合各类数据并在数据分析的基础上制订了学校的各项发展计划,改变了以往的管理模式，杜绝了"拍脑袋决策、拍胸脯蛮干"的积弊。通过人工智能、大数据等数字化技术，将数据作为生产要素，用以指导决策、创造新的管理运营模式，我们称之为数字化时代。

在贾校长的带领下，学校不断探索发展之道，把握时代发展脉搏，使学校事业再次迎来发展机遇。

二、数字化的内涵

通过上面关于学校信息化发展和数字化转型的介绍，相信读者对信息化、数字化有了一个简单的认识。下面我们对数字化做进一步深化。

（一）数字化的含义

数字化可分为狭义的数字化和广义的数字化①。

狭义的数字化②是指利用信息系统、各类传感器、机器视觉等信息采集技术，将物理世界中复杂多变的数据、信息、知识转变为一系列二进制代码，引入计算机内部，形成可识别、可存储、可计算的数字、数据，再以这些数字、数据建立起相关的数据模型，进行统一处理、分析、应用，这就是数字化的基本过程。

广义的数字化则是通过大数据、人工智能、区块链等新一代信息技术对积累和新增的数据加以利用、分析，进而对企业、政府等各类主体的战略、架构、运营、管理、生产、营销等各个层面，进行系统的、全面的变革，强调的是利用数字技术和数据对整个组织的重塑。至此，数字化不再只是单纯地解决降本增效问题，而成为赋能模式创新和业务突破的核心力量。

数字化的概念、场景、语境不同，其含义也不同。对具体业务的数字化，多为狭义的数字化，对企业、组织整体的数字化变革，多为广义的数字化。广义的数字化概念，包含了狭义的数字化。本书中更多采用

---

① 《数字化、数字化转型的概念及内涵》［EB/OL］，2021 年 6 月 19 日，https：//weibo. com/ttarticle/p/show？ id＝2309404649724094579058#_loginLayer_1705719 385247。

② 王卫国、陈东、王贤、马瑞：《数字化本质与运营模式进化的探讨》［J］，《信息系统工程》，2021 年第 11 期，第 10—13 页。

的是广义数字化的概念。

与传统的信息化相比，无论是狭义的数字化，还是广义的数字化，均是在信息化高速发展的基础上诞生和发展的，但与传统信息化条块化服务业务的方式不同，数字化更多的是对业务和商业模式的系统性变革、重塑。

数字化打通了信息孤岛[①]，释放了数据价值。信息化就是充分运用信息系统，把生产流程、交易流程、现金流程、顾客互动等过程，加工生成相关数据、信息、知识，而数字化则是利用新一代信息与通信技术（Information and Communication Technology，ICT），通过实时获取并分析数据，结合网络协同技术和智能应用，消除企业内部的数据孤岛现象，实现系统内数据的无障碍流动，使得数据价值得到充分释放和利用。

数字化以数据作为主要生产要素，将企业内部的所有有价值资源，包括业务、生产、营销、客户等各个方面的人、事、物，全面转化为数字形式的数据。通过对数据进行处理，形成信息、知识等更高级的形态。同时，结合企业获取的外部数据，通过实时分析、计算和应用，这些数据可以指导企业的生产、运营等各项业务，为企业决策提供有力支持。

数字化引领了社会生产关系的深刻变革，极大地提升了社会生产力。在数字化浪潮中，社会逐渐从依赖传统生产要素转向以数据作为核心生产要素。这种转变促使社会内部的生产方式从传统的行业分工向网络协同转变，驱动方式也由传统的层级驱动转变为以数据智能化应用为核心的驱动。这种变革使得社会的生产力实现指数级提升，使社会主体能够实时洞察各类动态业务中的全部信息，迅速做出最优决策。同时，数字化也促进了资源的合理配置，使社会主体能够更好地适应瞬息万变的竞争环境，实现最大化的效益。

（二）数字化本质特征

数字化就是以"连接"为手段，以不同的方式进行技术创新；它是

---

① 由亚卫：《代理记账行业的现状、对策及发展前景》[J]，《大众投资指南》，2022 年第 6 期，第 122—124 页。

通过人工智能、物联网、大数据等技术，将真实的世界在虚拟世界中进行还原。从这一角度来看，数字化意味着真实世界和虚拟世界相互交融的全新的世界。基于这样的理解，我们认为数字化本质特征有三个[①]：连接、共生、当下。

1. 本质特征一：连接——连接大于拥有

在工业时代，更偏重于强调拥有，但在数字化时代，连接变得更加重要，包括连接数据、连接设备、连接人员、连接业务。数字信息、设备、人员和业务在数字世界中相互连接，形成一个广阔的数字网络和数字生态系统，促进信息、资源和价值流通、共享。通过万物互联，给国家、企业和个人创造新的功能，并带来更加丰富的体验和前所未有的经济发展机遇。

凯文·凯利在《失控：全人类的最终命运和结局》中表达了一个思想，他认为互联网的特性就是所有东西都可以复制，这就会带来如他在诠释智能手机为代表的移动技术两个特性——随身而动和随时在线——那样，人们需要的是即时性连接体验。这个思想观点，能帮助我们理解数字化"连接"的本质特征。

2. 本质特征二：共生——现实世界与数字世界融合

数字化是通过连接和运用各种技术，将现实世界重构为数字世界，数字世界与现实世界融合是第二个本质特征。

我们引用"数字孪生（Digital Twin）"概念来诠释这个特征，通过数字孪生，实现数字世界与物理世界的协调一致。如在疫情期间，物理世界停顿，但数字世界让生活、学习继续。

2011 年，迈克尔·格里夫斯教授在《智能制造之虚拟完美模型：驱动创新与精益产品》中正式引入了该术语，并定义数字孪生的概念[②]：充分利用物理模型、传感器更新、运行历史等数据，集成多学科、多物理

---

① 陈春花：《价值共生：数字化时代的组织管理》［M］，北京：人民邮电出版社，2021.11。

② 杨一帆、邹军、石明明、李月峰、杨波波、王洪荣、施成章、金龙悦、路鑫：《数字孪生技术的研究现状分析》［J］，《应用技术学报》，2022 年第 2 期，第 176—184 页，第 188 页。

量、多尺度、多概率的仿真过程，在虚拟空间中完成映射，从而反映相对应的实体装备的全生命周期过程。

格里夫斯[①]在产品全生命周期管理课程中提出了"与物理产品等价的虚拟数字化表达"的概念：一个或一组特定装置的数字复制品，能够抽象表达真实装置并可以此为基础进行真实条件或模拟条件下的测试。这一概念明晰地显示出当时对于进行高层次数据集成分析的期望，是数字孪生概念的雏形。

简单来说，数字孪生就是对真实物理系统的虚拟复制，复制品和真实品之间通过数据交换建立联系，借助这种联系可以观测和感知虚体，由此动态体察到实体的变化，所以数字孪生中虚体与实体是融为一体的。

就像"数字孪生"一样，数字化是将真实世界重新构建成一个数字化的世界，但这个过程并不是简单的拷贝，而是一种对真实世界的再造，也就是数字世界与真实世界的连通，与真实世界进行深度互动与学习，并在此过程中产生新的价值。

3. 本质特征三：当下——过去与未来压缩在现在

数字化可实现在当下访问，利用过去、未来的信息和资源。如将历史文物、文献、图片、视频转化为数字形式浏览学习，将未来的天气、股市、交通等信息以数字形式呈现。

数字化技术是关于连接选择的问题，与谁连接，何时连接。所以，一些人认为，数字化路径更接近于电脑游戏而不是历史叙事，不再是从过去到现在，再到未来。用洛西科夫的观点，"数字化时间轴不是一个时刻过渡到另一个时刻，而是从一个选择跳到另一个选择，停留在每一个命令行里，就像数字时钟上的数字一样，直到做出下一个选择，新的现实就会出现在眼前"。

受洛西科夫的启发，我们提炼数字化的第三个本质特征是"当下"。在他有关数字化影响的研究中，可以了解到数字技术带来的冲击，已经不再是变化带来的冲击，而是由变化的速度带来的冲击，正如他所言：

---

① 袁煜明、王蕊、张海东：《"区块链＋数字孪生"的技术优势与应用前景》[J]，《东北财经大学学报》，2020年第6期，第76—85页。

"我们不再测量从一种状态到另外一种状态的变化，而是测量变化的速度以及速度变化的速度，以此类推。时间不再是从过去到未来，而是体现在衍生物上，从地点到速度再到加速度。"

这也是为什么我们会觉得在数字化时代，变化与迭代动荡剧烈，更迭与颠覆频繁多变，"黑天鹅"满天飞，让人应接不暇。数字化将过去与未来凝聚于当下，呈现出更多维度和更大的复杂性，这些元素相互交织，共同构成了一个前所未有的时代。在这个时代，变化不仅是常态，而且变化的本质属性也发生了深刻变革。

工业时代，机器革命的出现，使人们不再度量自然存在状态，而是机器带来的效率与速度，其核心价值就是，如何以更高的效率获得更大的产出。所以，在工业时代，用最少的时间产出最多，获得的规模最大，成为衡量人们是否成功的准则。大规模生产成为核心标志，最重要的就是效率。人们常说"时间就是金钱""效率就是生命"。

（三）数字化时代的特点

数字化时代，作为继工业化时代和信息化时代之后的新兴时代，正逐步实现"真正的个人化"。在数字化时代，机器对人的了解程度已不亚于人与人之间的了解，这种了解消除了时空的障碍，使得人们可以分散在各地工作和生活。数字化生存不仅为人们带来了前所未有的便利和自由，更在解放人类的同时使世界各国各民族的界线变得越来越模糊，人类也在逐渐地迈向全球化。这是一个以合作为主题的时代，取代了过去的竞争，追求的是普遍的和谐与发展。数字化时代存在以下典型特点①。

1. 永久性

在数字化时代，随着技术的不断进步，越来越多的数据被储存起来。数字技术会加速这个过程，逐步建立一个能够无限量储存信息的环境。

2. 易复制性

数字化技术使得数据能够轻松进行大规模复制。如一首乐曲或影视

---

① 《数字特征有哪些？数字特征由什么决定？》［EB/OL］，明发财经网，2023年3月5日，https：//www. xzmfjc. cn/yaowen/115044. html。

作品可以被轻松存储在无数人的设备中，让更多人能够便捷地欣赏和分享。

3. 即时性

数据时代，数据本身不仅被即时接收，还将被即时理解。如智能手表、健康监测仪能实时记录并展现、分析很多数据。

4. 高效性

数据自身在寻求更高的效率，以更好更快的方法去理解并传播。

5. 倾向秩序性

数据的循环本质，体现在混沌与秩序的交织中，我们看到混沌孕育秩序，秩序又催生新的混沌，二者在无尽的循环中相互转化。当海量的数据涌现时，它们自然汇聚成新的秩序形态，这种秩序在时间的推移下逐渐稳固，但终将被新的混沌所打破，开启下一轮的循环。

6. 动态性

数据不断在网络和信息系统中移动，每一次传输方式的改变，都会加快信息的流通和交流。

7. 无限可分性

数据具备无限可分的特性，这意味着它既可以被整合打包，也可以被精细拆分，进而形成更微小的组成部分。

三、数字化外延

数字化外延是指数字化技术在不同领域和行业的应用和拓展，以及数字化技术对经济社会发展的影响和推动。数字化外延是一个广泛的概念，涉及经济社会的各个方面，其核心是数字化技术的应用和发展，通过数字化技术的不断创新和应用拓展。在这里我们从网络、技术等方面，列举一些数字化外延的表现供读者理解。

（一）网络

1. 物联网

物联网是利用各种自动标识技术与信息传感设备及系统，按照约定的通信协议，通过各种类型网络的接入，把任何物品与互联网相连接，进行信息交换与通信，以实现智能化识别、定位、跟踪、监控和管理的一种信息网络。

物联网即"万物相连的互联网"，是在互联网的基础上进行的一种扩展，将多种信息感知装置与网络相结合而构成的一张庞大的网络，能够在任何时间、任何地点，实现人、机、物的相互连通。[①] 已广泛运用于智能交通、智能家居、公共安全领域，近年火热的新能源汽车，即物联网的重要一环。

2. 视联网

视联网是一种结合了数字视频和社交网络的实时网络，它允许用户在同一平台上享受多种信息和服务的互动体验。这种网络不局限于娱乐和通信，还包括专业内容和个人内容的传播以及其他数字媒体的利用。

视联网是一项面向连接的新型网络通信技术，具有大范围、高质量的视频和数据传输能力，能实现多源异构资源联网融合，可打造自主可控的确定性网络，使其在数字化进程中具有重要作用。未来，随着数字化应用的不断深入，视联网的应用前景将更加广阔。

3. 感知网

感知（认知）网络的定义[②]是由弗吉尼亚理工大学首先提出的。感知网络是指通信网络能够感知现存的网络环境，通过对所处环境的理解，实时调整通信网络的配置，智能地适应专业环境的变化。同时具备从变化中学习的能力，并用到未来的决策中。在做所有决策的时候，网络都要把端对端目标考虑进去。

感知网络是物联网和信息物理系统的重要组成部分，通过使用射频识别、环境传感器、音视频及图像采集、卫星导航等信息采集设备，通过无线传感网络、无线通信网络把物体与互联网连接起来，实现物与物、人与物之间实时信息交换和通信。

---

① 丁洪伟、赵东风、赵一帆：《物联网中具有监控功能的离散 1 坚持 CSMA 协议分析》［C］，"Proceedings of 2010 First International Conference on Cellular, Molecular Biology, Biophysics and Bioengineering（Vol. 7）"，2010。

② 杜林、于杰：《应用感知一切》［N］，《中国计算机报》，2014 年 7 月 14 日，第 12 版。

（二）技术

1. 大数据

大数据（Big Data）①，又称巨量资料，是指无法在一定时间范围内用常规软件工具进行捕捉、管理和处理的数据集合，指的是需要新处理模式才能具有更强的决策力、洞察力和流程优化能力的海量、高增长率和多样化的信息资产。

大数据技术是指从各种各样类型的数据中，快速获取有价值信息的技术。具体来说，大数据技术包括数据采集与预处理、存储管理、处理分析、数据安全和隐私保护等方面。大数据技术是数字化转型的关键技术之一，通过对海量数据的处理和分析，挖掘数据中的价值和信息，为企业的决策和业务创新提供有力支持。比较有名的大数据技术有 Hadoop（分布式系统基础架构）、Spark（一个开源的大数据处理工具）、NoSQL数据库（非关系型数据库）等。

2. 人工智能

人工智能，是指在机器上实现相当乃至超越人类的感知、认知、行动等智能，是一个融合计算机科学、统计学、脑神经学和社会科学的前沿综合学科，它可以模拟人类实现识别、认知、分析和决策等多种功能。

人工智能生成内容②（AI – Generated Content，AIGC），是一种利用人工智能技术，对各种类型的媒体进行自动或半自动产生的过程。该方法基于以深度学习为代表的机器学习算法，通过对人创作内容的理解与模拟，从而创新地产生新的内容。大众耳熟能详的 OpenAI 的聊天机器人程序（Chat Generative Pre – trained Transformer，ChatGPT）、百度的文心一言、阿里的通义千问、腾讯的混元大模型均属于此类型。

---

① 徐被倍：《大数据时代财务管理探析》［J］，《现代经济信息》，2019 年第 15 期，第 210—211 页。

② 张冰洁：《银行迎接数字化转型"下一站"》［N］，《金融时报》，2023 年 7 月 17 日，第 7 版。

（三）其他

1. 元宇宙

元宇宙①，是人类运用数字技术构建的虚拟时空的集合，是利用科技手段进行链接与创造的、与现实世界映射交互的虚拟世界，具备新型社会体系的数字生活空间。

元宇宙概念的起源，公认的是 1992 年，科幻作家尼尔·斯蒂芬森小说《雪崩》② 里，最早使用了"Metaverse"，当时被译为"超元域"，现被译为"元宇宙"。元宇宙是一个虚拟的三维环境，可通过虚拟现实设备进行沉浸式体验，可让用户在虚拟世界中进行交互、社交、学习、娱乐等各种活动。

2. 互联网币

互联网币，又称为虚拟货币、数字货币、电子货币，与现实中使用的货币不同，是在"互联网社会形态"里根据用户需求成立或者参与社区、同一社区成员基于同种需求形成共同的信用价值观，是新型货币形态。

比特币是最早出现的互联网币，由于比特币的匿名性和去中心化特点，其很快成为一种受欢迎的数字货币。随着比特币的出现，许多其他数字货币也开始涌现，如以太币、瑞波币以及 Meta 公司发行的 Diem 等各种虚拟社区币。

3. 数字人民币

数字人民币③，是由中国人民银行发行的数字形式的法定货币，由指定运营机构参与运营并向公众兑换，以广义账户体系为基础，支持银行账户松耦合功能，与纸钞硬币等价，具有价值特征和法偿性，支持可控匿名。

---

① 李瑶：《财务公司与元宇宙碰撞能否擦出火花》[J]，《中国集体经济》，2022 年第 23 期，第 70—72 页。

② ［美］尼尔·斯蒂芬森著，郭泽译：《雪崩》[M]，四川科学技术出版社出版，2018 年 5 月。

③ 孟雨：《首个央行数字货币应用场景落户丰台》[J]，《计算机与网络》，2021 年第 1 期，第 14 页。

相较于比特币等虚拟货币，数字人民币作为一种法定货币，其等值于法定货币，背后有国家信用的支持，有最高的效力和安全性，其价值稳定可靠。而比特币则是一种虚拟资产，缺乏实际的价值基础，也不受任何主权信用担保。因此，比特币的价值波动性极大，无法保证其稳定性。数字人民币不论在硬钱包还是软钱包里，它的价值都不会发生变化。以前用支付宝买东西，钱是从买家的银行账户进入买家支付宝账户，最后进入卖家支付宝账户，再进入卖家银行账户。现在是买家数字人民币钱包到卖家数字人民币钱包。

4. 数字孪生

数字孪生①，是充分利用物理模型、传感器更新、运行历史等数据，集成多学科、多物理量、多尺度、多概率的仿真过程，在虚拟空间中完成映射，从而反映相对应的实体装备的全生命周期过程。

数字孪生是一种先进的虚拟模型技术，它能够精确模拟物体在物理世界中的行为，并实时监控物理环境的变化。这种模型不仅反映了物理世界的运行状态，还能评估其性能状态，及时发现并诊断潜在问题。更重要的是，数字孪生能够预测未来的发展趋势，从而为物理世界的优化和改造提供有力支持。

数字孪生的独特之处，在于其突破了众多物理条件的限制，通过数据和模型的双重驱动，实现仿真、预测、监控、优化和控制等多项功能。这种综合性的技术使得服务得以持续创新，能够即时响应各种需求，并推动产业的升级和优化。

总之，数字化时代的到来，要在数字化变革中获得成功，首先要对数字化进行深入的认识和理解。本节向读者介绍了数字化发展，并从含义、本质特征以及时代特点等方面深入解读了数字化的内涵，并列举了一些数字化外延，以帮助读者更好地理解什么是数字化。

---

① 《数字孪生：物理世界与数字世界的融合》［J］，《航空动力》，2019年第4期，第55页。

第二节　数字技术

一、数字核心技术

新一轮技术革命的核心是数字技术革命，作为一个技术体系，数字化发展主要涉及五大核心数字技术，分别是大数据、云计算、物联网、区块链、人工智能。五大核心数字技术是一个整体，相互融合呈指数级增长，推动数字化发展。

（一）大数据技术为数字资源

大数据技术是指处理、管理和分析大规模数据集的一系列技术和工具，能够将不同来源、不同格式和不同种类的数据集成在一起。大数据技术是将海量的数据资源整合、存储、管理、处理和分析的关键工具，可更好实现数据资源利用，能进一步提高数据价值和效益。

（二）云计算技术为数字设备

云计算技术是一种通过互联网提供计算、存储、网络等资源的技术，它可以支持各种应用程序和服务的部署、运行。云计算技术为数字化提供了强大的计算、存储、应用部署和系统管理等支持，使数字设备更加智能、高效和便利地完成各种任务和服务。云计算有三个特点：一是能存储大量数据；二是能提供强大算力；三是拥有强大网络通信能力。

（三）物联网技术为数字传输

物联网技术是指通过网络连接和管理各种物理设备和传感器，以实现设备之间的数据交换和互通。物联网技术为数字传输提供了强大的支持，包括数据采集、数据处理、数据交换和安全保障等，使数字传输变得更加智能、高效和可靠。

（四）区块链技术为数字信息

区块链技术是一种分布式数据库技术，可用来管理和存储数字信息，并提供透明、安全和可靠的信息传输和交换机制。区块链技术为数字信息提供了分布式存储、不可篡改、匿名性和智能合约等方面的支持，使数字信息的传输和交换变得更加安全、可靠和高效。

（五）人工智能技术为数字智能

人工智能技术是一种利用算法和数学模型来模拟人类智能的技术，可以让计算机像人一样理解、推理、学习和决策。人工智能技术为数字信息提供了自动化处理、模式识别和预测、自主学习和人机交互等方面的支持，使数字信息的处理和分析变得更加智能、高效和精确。

数字技术作为当代最为前沿的技术之一，已经深度融入我们日常生活、生产制造、科学研究等各个领域，是信息技术的关键组成部分，也是推动经济发展和社会进步的重要力量。数字技术的发展推动了计算机技术、网络技术和人工智能技术的快速发展，推动了传统产业的转型升级和新产业的发展，促进了经济的快速增长，也推动了社会的数字化转型①，且正在改变政府和社会组织的运作方式。未来，数字技术将继续引领时代发展，为人类创造更多可能性。

二、数字技术发展趋势

（一）技术创新体制加速优化

《科技体制改革三年攻坚方案（2021—2023年）》提出，要进一步优化科技力量配置，充分发挥企业主体地位，促进科技、产业和金融的良性循环，加快科技成果的转化和运用。虽然我国在量子计算、人工智能等领域已经走在世界前列，但是在核心工业软件、高端芯片的制造上，形势依然严峻。

在"数字经济"背景下，领先的互联网公司凭借拥有大量的数据资源，对市场敏锐的洞察力和丰富的经营经验，可以高效地进行应用场景分析，提炼出用户的需求，从而促进人工智能、元宇宙等信息技术的应用创新。这类企业通过商业应用的驱动，来实现技术的快速推广应用和迅速迭代升级，这是数字经济发展的关键。

同时，高校和研究机构具备较强的科学研究能力，良好的学术氛围，不受市场竞争的影响，可以集中精力进行基础信息技术的研发，为数字

---

① 《数字技术的发展给我们带来了哪些益处》[EB/OL]，百家号，2023年9月14日，https：//baijiahao. baidu. com/s? id=1776982198491641525&wfr=spider&for=pc。

经济的发展奠定了坚实的基础。在此基础上，企业、高校、科研院所三方优势互补，形成新的技术创新机制。

（二）数字技术工具属性凸显

目前，利用具有某种特有属性的数字技术解决跨学科问题成为一种普遍现象①。区块链因其不可篡改性和去中心化的特点被应用于银行与金融业；拟合程度良好的人工智能算法可以进行医学图像检测，为患者提供初步诊断；融入物联网技术的城市信息模型（City Information Modeling, CIM）能够搭建数字孪生模型，已在众多智慧城市建设实践中证明了其可靠性。

随着数字化进程的不断深化，大数据、人工智能、云计算、区块链等数字技术已经被越来越多地应用于生命科学、材料和化学等自然科学，并在经济、金融、民生等社会科学领域发挥着不可或缺的作用。这类科技的潜力得到了充分的开发，为各个领域的革新提供了强有力的支撑。

数字技术作为一种基本的工具，其属性越来越明显。可为特定问题提供解决方案，也可推动数字科学与其他学科的交叉与融合，呈现出新的研究格局。这种融合不仅推动了科学技术的进步，也为解决复杂问题提供了全新的视角和方法。

随着科技的发展，人工智能将越来越多地渗入人们的生活，潜移默化地改变人们的生活方式，并引发社会和经济的整体性深刻变革，引领我们进入一个更加智能、高效和可持续发展的新时代。

（三）数字技术相互迭代升级

随着数字技术的不断发展，新的技术不断涌现，并逐渐取代旧的技术，而数字技术之间也在相互促进、不断升级和更新，并在这个过程中实现数字技术的升级和迭代。在数字技术相互迭代升级的过程中，各种技术之间的相互作用和影响是不可避免的。如人工智能技术的发展可以推动机器学习、深度学习等技术的进步，这些技术的发展又可以为大数据分析提供更高效、准确的方法，进一步推动数字技术的发展。

---

① 王咏、朱剑宇、张海峰：《数字经济发展框架和趋势研究》［J］，《信息通信技术与政策》，2023 年第 1 期，第 2—6 页。

为了满足日益增长的数据处理需求、适应不断变化的应用场景、提升技术性能和用户体验以及推动技术创新和发展，这种迭代升级的过程是数字技术持续发展的重要保障，也是推动数字经济繁荣的关键动力。

总之，数字技术的创新发展，推动着社会加速数字化的变革。本节向读者介绍了数字化发展五大核心技术以及数字技术对生产生活的重要意义，并对数字技术下一步发展趋势进行了前瞻性的思考和呈现，以帮助读者更好地了解数字技术。

第三节　数字基础设施

随着数字技术的发展和应用，促进了以5G（第五代移动通信）、物联网、大数据、云计算、人工智能、区块链等为代表的新一代数字技术演化生成的数字基础设施的建设[①]，以及应用新一代信息技术对传统基础设施进行数字化、智能化改造形成的基础设施，将为经济社会数字化转型和供给侧结构性改革提供关键支撑和创新动能。

一、网络连接基础设施

网络连接基础设施是实现数字化转型的基础。通过高速、大容量的网络连接，人们可以快速、便捷地获取、传输、处理和应用各种数字信息，促进生产方式、工作方式和生活方式的数字化变革。以5G、IPv6（互联网协议第六版）、千兆光网为代表的网络连接基础设施的建设和完善，可以带动信息通信产业的快速发展，同时为各行业的数字化转型提供有力支撑，推动数字经济持续健康发展。

（一）5G技术

作为新一代信息技术的重要组成部分，5G技术正在扮演着驱动数字化转型与数字经济蓬勃发展的关键角色，并已深深地渗透到社会生产体

---

① 中央网络安全和信息化委员会：《"十四五"国家信息化规划》[EB/OL]，中华人民共和国国家互联网信息办公室，2021年12月27日，http：//www.cac.gov.cn/2021－12/27/c_1642205314518676.htm。

系和人们日常生活的各个层面，引发了广泛而深刻的变化。截至 2023 年底，我国 5G 技术累计投资超过 7300 亿元①，建设规模全球第一。国家实施 5G 技术应用"扬帆"行动计划，加速推进 5G 技术商用网络规模建设与应用创新。

（二）IPv6

IPv6 建设是数字化发展的重要支撑和保障，通过提供更广阔的地址空间、更快速的网络连接和更可靠的安全保障，国家统筹推进全国骨干网、城域网、接入网 IPv6 改造，深化商业应用 IPv6 部署，提升终端 IPv6 支持能力，实现网络、应用、终端向新一代互联网平滑演进升级。近年来，我国 IPv6 规模部署实现跨越式发展，IPv6 网络"高速公路"全面建成，信息基础设施 IPv6 服务能力已基本具备。

（三）千兆光网

千兆光网对于国家数字化发展具有重要意义，是数字化时代的重要基础设施。随着数字化、网络化、智能化的加速推进，千兆光网建设成为数字中国建设的重点之一。我国高度重视双千兆网络发展，国家"十四五"规划纲要明确提出，要推广升级千兆光纤网络。截至 2022 年底，全国光缆线路总延伸长度已达到 5958 万公里，构建起了覆盖超过 5 亿中国家庭的千兆级别光网络服务能力。历史性实现全国"市市通千兆""村村通宽带"。未来，我国将启动实施千兆光网"追光计划"，推动"双千兆"应用在规模化和多样化两个维度上的深度拓展。

二、新型网络基础设施

新型网络基础设施通过感知技术和网络通信技术的融合应用，实现人、机、物的全面感知和泛在连接，是传统公共基础设施数字化、智能化升级的基础。以物联网、工业互联网为代表的新型网络基础设施，在工业、能源、交通等领域的应用也具有重要意义。

---

① 工业和信息化部：《2023 年通信业统计公报》［EB/OL］，中华人民共和国工业和信息化部，2024 年 1 月 24 日，https：//www.miit.gov.cn/jgsj/yxj/xxfb/art/2024/art_7f101ab7d4b54297b4a18710ae16ff83.html。

（一）物联网

物联网通过感知技术与网络通信，能够实现人、机、物的全方位互联，是新型的信息基础设施。物联网基础设施不仅强化了物理世界的数字化连接，而且通过数据驱动实现了各行各业的精细化管理和创新发展，有力地推进了全社会的数字化进程。

近年来，我国对物联网行业的扶持力度持续加大，从2010年国务院工作报告中第一次提到"物联网"这个词以来，已经先后发布了20余项扶持物联网产业的政策。2021年，工信部等八部门联合发布《物联网新型基础设施建设三年行动计划（2021—2023年)》，力争到2023年初步建成覆盖全国各大城市的物联网基础设施，推动行业顺利完成数字化转型，促进民生消费领域的升级迭代。《"十四五"规划纲要》提出，要加快建设新型基础设施，推动物联网全面发展，打造支持固移融合、宽窄结合的物联网接入能力。

车联网建设是物联网的一个重要应用领域，为智能交通和智慧出行提供了新的解决方案和发展方向。自2016年以来，国务院、国家发展和改革委员会、工信部、交通运输部等多部门陆续印发了支持、规范车联网行业发展的政策，内容涉及车联网发展技术路线、车联网先导区建设、车联网与其他领域协同融合等内容。另外，国家规划提出要加快智能网联汽车道路基础设施建设、5G－V2X车联网示范网络建设，加快实现车联网自动驾驶等应用的落地普及。

（二）工业互联网

工业互联网[①]是新一代信息通信技术与工业经济深度融合的新型基础设施、应用模式和工业生态，通过对人、机、物、系统等的全面连接，构建起覆盖全产业链、全价值链的全新制造和服务体系，为工业乃至产业数字化、网络化、智能化发展提供了实现途径，是第四次工业革命的重要基石。

工业互联网具有明显的渗透特性，其不仅存在于工业领域，还可以

---

① 刘爱民：《工业互联网发展全面开启数字经济新篇章》[J]，《中国新闻发布（实务版)》，2022年第4期，第19—21页。

深入能源、交通、通信、医疗等多个领域。通过提供至关重要的网络连接和计算处理平台，为各行业的数字化转型升级提供有力支撑，并助力实体经济各领域加速数字化进程。这种跨界融合不仅推动了技术的创新与应用，也为实体经济带来了更高效、智能和可持续的发展机遇。截至2023年9月底，全国"5G＋工业互联网"项目数超过7000个①，标识解析体系服务企业超30万家，培育50家跨行业跨领域工业互联网平台，具有一定影响力的综合型、特色型、专业型平台超过270家，重点平台工业设备连接数近9000万台（套）。

三、算力网络基础设施

算力网络是我国率先提出的一种原创性技术理念②，指依托高速、移动、安全、泛在的网络连接，整合网、云、数、智、安、边、端、链等多层次算力资源，提供数据感知、传输、存储、运算等一体化服务的新型信息基础设施。其核心包括算力和网络，将"新计算"（云计算、边缘计算、泛在计算）的算力，通过"新联接"（无处不在的网络）整合起来，实现算力的灵活按需使用。

2021年5月，国家发展和改革委员会等四部门印发《全国一体化大数据中心协同创新体系算力枢纽实施方案》，提出在全国布局算力网络国家枢纽节点，实施"东数西算"工程，打造国家算力网络体系。2022年2月17日，国家发展和改革委、工信部等四部委确定在京津冀、长三角、内蒙古、甘肃共8个重点地区，启动建设"4＋4"全国算力枢纽网络，并对10个国家级数据中心集群进行前瞻性的布局，此举标志着我国"东数西算"这一宏大工程已正式启航。

随着数字时代深入发展，算力和网络日益走向融合，正在向算网一体化方向不断演进和发展。2021年11月，中国移动联合华为、中兴等11家合作伙伴正式发布了《算力网络白皮书》，确立了算力网络为中国移动全新

---

① 王晓涛：《〈工业互联网创新发展报告（2023年）〉发布》[N]，《中国改革报》，2023年10月30日，第5版。

② 李禾：《推进算力网络建设 让我国面对数据增量暴涨行有余力》[N]，《科技日报》，2022年3月21日，第6版。

的发展计划和愿景目标。中国电信发布的《云网融合 2030 技术白皮书》[1]和中国联通发布的 CUBE – Net3.0 网络体系中，也都把"算力网络"作为公司未来网络演进的重要方向。2022 年 3 月 31 日，中国信息通信研究院、中国移动、华为等 16 家单位，联合发起成立了算网融合产业及标准推进委员会（TC621），以"计算网络化"和"网络计算化"两大方向为抓手，推动计算与网络技术的深度融合，构建繁荣健康的算网产业生态。

四、前沿信息基础设施

以区块链、卫星互联网、量子通信等为代表的前沿信息基础设施，是实现高速泛在、天地一体、安全高效的数字基础设施的重要组成部分，代表着数字基础设施的探索方向。前沿信息基础设施由原创性引领技术牵引，可能形成具有引领性、带动性的战略性产品和战略性产业。

（一）区块链

以云计算、大数据、物联网、人工智能以及区块链技术为代表的新技术，正在引领人类经历第四次工业革命。特别是区块链技术，作为标准 IT 技术的集成创新应用，其独特性质，如数据公开透明、难以篡改和易于追溯等，对推动经济高质量发展以及提升国家治理体系和治理能力具有至关重要的意义。2020 年 12 月 14 日[2]，雄安新区发布区块链底层系统（1.0），是国内首个城市级区块链底层操作系统。《2022—2023 中国区块链年度发展报告》显示，截至 2022 年底，全国以区块链为主营业务、具有投入或产业的企业约为 1700 家，并有超 60 家区块链实验室、创新中心、孵化基地，区块链专利申请量和公开量均已超过 6 万项，均位居全球第一。

（二）卫星互联网

我们常说的"卫星"，全称叫作"人造卫星"，是环绕地球或其他行

---

① 邓平科、张同须、施南翔、张童、邵天竺、郑韶雯：《星算网络——空天地一体化算力融合网络新发展》[J]，《电信科学》，2022 年第 6 期，第 71—81 页。

② 《雄安区块链底层系统（1.0）发布 为国内首个城市级区块链底层操作系统》[EB/OL]，人民网，2020 年 12 月 14 日，http：//www. rmxiongan. com/n2/2020/1214/c383557 – 34473062. html。

星在空间轨道上运行的无人航天器。按照用途可以分为通信卫星、导航卫星、遥感卫星，简称"通导遥"。当我们说"卫星互联网"时，主要是指"低轨通信卫星"①。近年来，为了避免高轨道卫星通信引起的信号衰减和时延，低轨卫星互联网成为发展热点。当前实施该项前沿技术的有美国的 SpaceX 公司、中国的银河航天公司等。俄乌冲突中，乌克兰利用 SpaceX 公司的"星链"设备，实现了战场通信、GPS 定位、反雷达侦察等军事目的，国外媒体称新一代卫星互联网技术重塑了未来战争格局。数据显示，2021 年，全球各国在轨卫星数量，中国以 499 颗排名第二②，仅次于美国。2022 年，我国第一批卫星项目落地及首星发射，中国版"星链"开始加快建设。

（三）量子通信

在量子通信中，信息传递的载体是量子态，利用量子纠缠等特性进行信息的编码和传输。与传统的通信方式相比，量子通信具有无法被窃听和计算破解的绝对安全性保证，同时可以实现更加高效和可靠的信息传输和处理。量子通信基础设施的建设可以为数字化发展提供更加安全、可靠和高效的信息传输和处理方式，推动数字化进程的加速和深化。

近年来，随着量子计算和量子信息理论的不断发展，量子通信技术也取得了重要进展。一些金融机构已经开始使用量子密钥分发技术来保护金融通信的安全，一些政府部门也开始探索利用量子通信技术来保护机密信息的安全。我国在量子科技领域的发展已经取得了令人瞩目的成果。中国发射了首颗空间量子科学实验卫星"墨子号"，建设的量子保密通信"京沪干线"，是目前世界上最远距离的基于可信中继方案的量子安全密钥分发干线。"济南一号"量子微纳卫星成功发射后，我国将率先在微纳卫星与微型地面站间进行星—地量子密钥的实时分发。香港《南华早报》网站 2023 年 12 月 30 日报道，借助中国的墨子卫星传输的安全密

---

① 《卫星互联网：从概念走向现实——卫星系列一》［EB/OL］，网易，2023 年 9 月 19 日，https：//www. 163. com/dy/article/IF1JUO610519UUD9. html。

② 《中美俄三国卫星数量对比：美国 2944 颗，俄罗斯 169 颗，中国呢？》［EB/OL］，百家号，2023 年 2 月 6 日，https：//baijiahao. baidu. com/s？ id = 1757071100982287533&wfr = spider&for = pc。

钥，中国和俄罗斯的科学家成功建立了加密的量子通信。

数字基础设施是数字化发展的基础，提供了数字化转型、智能升级、融合创新等服务的基础设施体系。本节从这三个方面介绍数字基础设施的重要性及发展情况，以帮助读者更好理解数字基础设施。

第四节　数字化应用

随着技术的进步和创新，数字技术的应用场景不断扩大和深化，为社会进步和经济发展提供了强大的动力，深刻地改变了我们的生活方式和工作方式。以下是其中一些主要的领域和应用场景。

一、数字经济

数字技术是加速产业转型升级的利器，可以提高经济效益、降低成本、提高生产效率、改善环境、加强组织管理等，这些优点，使得数字技术在各行各业得到了广泛的应用。

（一）智能制造

我国工业和信息化部对智能制造的定义是："智能制造是基于新一代通信技术与先进制造技术深度融合，贯穿于设计、生产、管理、服务等制造活动的各个环节，具有自感知、自学习、自决策、自执行、自适应等功能的新型生产方式。"智能制造的应用能够使制造业企业实现生产智能化、管理智能化、服务智能化与产品智能化。

智能制造的要素之一便是数字化，在数字化时代，智能制造已经成为制造业发展的趋势。数字化是智能制造的基础和核心，数字化技术的应用，是推动智能制造实现的关键。数字化在智能制造应用中的作用是推动制造业转型升级，加快工业变革，并重新定义制造业。

近年来，数字技术的快速发展给制造业的转型升级带来了无限可能。如身处传统行业的三一重工，与时俱进顺应数字化改造趋势，紧紧抓住智能制造的"魔法"，发展焕然一新。在三一重工北京工厂，重载机器人展现出了令人瞩目的柔性装配能力。这些机器人不仅能够准确抓举重达16吨的桩机动力头，还能在短短几分钟内将其与其他部件进行精准装配，误差控制在0.3毫米以内。这一成就得益于机器视觉系统的引入，它赋予了工业机器人"慧眼"，使其能够适应各种复杂环境，并具备柔性完成任务的能力。除了这些"慧眼"，三一重工北京工厂还配备了一个强大的"智慧大脑"——工厂控制中心（FCC）。整个工厂成为深度融合互联网、大数据和人工智能的"智慧体"。

（二）智慧农业

智慧农业[1][2]是新一代数字技术与农业生产深度融合，从而产生了新的农业生产模式与综合解决方案，并通过全面连接人员、机械、物资等要素，对整个农业生产流程进行精细化的监控与管理。这种数据驱动的方式，优化了技术、资金、人才和物资的流动，使得农产品的播种、管理、采收、储存和加工等各环节实现更高效率、智能化和环保化。同时，智慧农业也打通了供应链与需求链之间的通道，构建了一个快速响应、高效运作且精准匹配的农产品产销环境。这不仅重新定义了农业与消费者之间的互动关系，还构建了一个覆盖农业全产业链和全价值链的新型生产与服务体系。

目前，数字技术在农业中已经得到广泛应用。以我国为例，近年来，中国农业部门大力推广智慧农业技术，并在全国范围内开展了一系列智慧农业试点项目。另外，数字技术在种植业生产中的推广应用，实现了精准播种、变量施肥、智慧灌溉、环境控制以及植保无人机的应用。安徽芜湖智慧稻米生产试点将水稻生产过程划分为播种、插秧、分蘖等13个环节，并细化出品种选择、土地平整、氮肥用量等49个智慧决策点，构建起"智慧农艺＋智能农机"双轮驱动技术体系，实现了耕、种、管、收全过程信息感知、定量决策、智能作业。2022年试验面积已扩大到15万亩[3]，试验结果显示，亩均增产14.3%、节约氮肥32.5%、节约磷肥

---

[1] 中国信息通信研究院、中国人民大学：《中国智慧农业发展研究报告》[EB/OL]，（2021.12）[2023.9]。

[2] 孔玥、赵冬梅：《数字经济赋能农业可持续发展》[J]，《中国外资》，2022年第9期，第60—62页。

[3] 农业农村部信息中心：《中国数字乡村发展报告（2022年）》[EB/OL]，（2023.2）[2023.9]。

16.8%、减药 38.0%、亩均增收 500 元左右。

(三) 智慧服务

传统服务业正进行全面数字化升级,这将成为推动经济发展的新引擎。数字技术以其广泛的传播范围和低廉的边际成本,能够深入服务业的各个环节和场景,实现各要素的互联互通与资源配置的最优化,进而促进全产业链上下游的紧密协同。在供给端,数字化升级将拓展生产的可能性边界;在需求端,则能提升消费者的消费能力和消费意愿。同时,数字技术还将推动服务功能、价格、空间、时间等多个维度的有效匹配,从而显著提升产业效率。这一变革将为经济发展注入新的活力,推动传统服务业迈向更高效、更便捷的新时代。

智慧服务业,利用云计算、大数据、物联网等网络信息技术,实现了信息技术与服务业的紧密融合,成了一个新兴的领域。它采取了全新的经营、服务和管理模式,提供了智能化、网络化和信息化的服务,展现了高增值率、高技术含量、强成长性和高度知识密集型等特征。作为现代服务业的创新发展与升级延伸,智慧服务业不仅包括了新兴的互联网信息技术服务形态,还致力于利用信息技术对传统服务业进行改造和提升。该领域的迅速发展,正在推动服务业朝着更高效、更优质的方向迈进。

随着数字技术的飞速发展和广泛普及,金融业的数字化变革得到了显著推动,商业银行在多个方面均发生了深刻变化,包括发展理念、服务模式等,尤其是"数字化赋能"给商业银行带来全新的发展机遇。如工商银行四川分行基于行内海量数据,运用大数据、人工智能等技术,设计并开发智慧普惠工作台[①]。智慧普惠工作台上线以来,在普惠信贷上,服务普惠客户超 2000 户,支持新增普惠类贷款 53 亿元,促进金融服务及时触达"三农"、小微等普惠客群;在客户营销上,深入挖掘高潜客

---

① 中国人民银行四川省分行自贡银行:《金融数字化转型优秀实践案例(第二期)》[EB/OL],发布于微信公众号"交子金融论坛",2022 年 7 月 27 日,https://mp. weixin. qq. com/s? __biz = MzU3OTA0MzkwMg = = &mid = 2247522466&idx = 2&sn = 5f1 ef5 d5689af38ef5507a6976835160&chksm = fd6 ecff3 ca1946 e59f22 e433450d4a049c12eae02e7ae1be4265fb91e4e4040588391c870897&scene = 27。

户超 1 万户，系统分析客户产品渗透率、资产状况和经营状态，不断提升普惠获客精准性；在风险管控上，月均抓取风险预警信息超 3 万条，并基于风险分级模型实现分类处理，推动风险处置效率提升超 2 倍，确保了重要风险信息被及时监测并处理。

二、数字政府

政府数字化是指政府部门在运用数字化技术进行信息化、智能化以及网络化改造的过程中，通过信息化手段提高政务处理效率、提供更好的公共服务等。[①] 政府数字化的应用不仅包括政务平台、网站建设等基础设施建设，还包括大数据平台、物联网、"互联网＋"等技术的应用。政府数字化的最终目的在于实现政府治理的信息化、公共服务的多样化以及打通政务服务的"最后一公里"。

政府数字化的应用可以使政府更高效地管理资源、准确地运用社会规律并加强社会治理。以智慧城市为例，智慧城市的建设需要通过数字化技术打通城市各个方面的数据，形成一个整体化的数据中心，因此政府可以更好地管理城市规划；而在公共卫生方面，则可以通过数字化技术迅速掌握疫情动态，降低疫情对市民的伤害。可见，政府数字化在提高治理效率、优化资源配置等方面发挥了极为重要的作用。

目前，互联网、大数据、人工智能、区块链、5G、云计算等典型数字技术在数字政府的建设中已得到普遍应用。通过互联网技术的应用，为用户提供广泛连接的、适时的便捷服务体验；大数据技术的应用提升了政府个性化服务的能力，通过大数据技术对用户进行分层画像，精准把握和预判用户政务服务需求，变被动服务为主动服务；人工智能技术在数字政府建设中通过智能客服、聊天机器人、智能热线等智能化感知提升互动体验和服务效率[②]。

各地政府在数字政府建设中，根据当地的实际情况和新兴技术成熟

---

① 云计算标准和开源推进委员会、数字政府建设赋能计划：《数字政府建设与发展研究报告（2023）》［EB/OL］，（2023.9）［2023.9］。

② 中山大学数字治理研究中心、中山大学科大讯飞人工智能与政府治理创新联合实验室《2023 年政务服务智能化建设研究报告》［EB/OL］，（2023.8）［2023.8］。

度，规范有序地将各种技术融合协同，应用于政务场景建设，极大地提升了用户获得感和体验度。如山东省淄博、日照、东营等多市政府上线"实在智能 RPA 数字员工"，使审批业务流程更快更高效，提升了审批服务的整体运行效率，实现 RPA 数字员工通过流程交互、协同审批，还破解了跨部门协作流程复杂之困，打破了数据壁垒的多方融合，实现了跨层级、跨地域、跨系统、跨部门、跨业务的协同管理和服务，进一步增强"人性化"服务水平，优化了群众办事服务体验。

在数字政府建设领先地区，不断尝试将前沿技术应用于政务服务。2023 年 7 月 2 日，北京市发布了"人工智能大数据"应用场景需求榜单，该榜单列出了 32 个项目，覆盖了智慧政务、智慧办公等 14 个场景①。这些需求的发布，不仅展示了北京市在推动人工智能与政务服务深度融合方面的积极探索，也为智慧城市的构建提供了有力支持。可见，领先地区通过发布场景需求榜单的形式，通过构建数字政府技术生态合作圈，不断探索将前沿技术，创新应用于政务办事具体场景创新，提升智能交互精准度，优化用户体验。

三、数字社会

随着科技的不断进步，数字技术在社会各个领域得到了广泛的应用。数字技术的出现和发展，极大地颠覆并重塑了人们的生活习惯与工作模式，在社会各个领域引发了深远而广泛的影响。

（一）通信领域

数字技术在通信领域的应用广泛而深入，它不仅提高了通信的效率和可靠性，还为通信技术的发展带来了新的机遇。此外，数字技术也推动了移动通信技术的迅猛发展，人们可以随时随地通过手机或其他移动设备进行通话和上网，实现信息的即时传递。

5G 网络技术作为新一代的数字通信技术，为数字化时代的发展提供强有力的支持，推动了各行各业的数字化转型和智能化升级。如中国电

---

① 孙杰：《全国首个政务服务大模型场景需求发布》[N]，《北京日报》，2023年 7 月 4 日，第 1 版。

信携手深圳南山区开展 5G 赋能深圳先行示范智能城市标杆项目①，借助 5G 技术与城市信息模型 CIM（City Information Modeling）及建筑信息模型 BIM（Building Information Modeling）的深度融合，结合大数据、AI 云等尖端科技手段，极大地推动了城市规划、建设和治理能力的升级转型。"5G 灯杆 + AI 摄像头 + 智慧平台"的一体化监管方案，成功实现了对电动自行车违章行为的有效管控，使交通违章率同比大幅下降 56%，有力破解了长期困扰城市管理的电动自行车违章难题。此外，5G 云广播系统、5G 智能机器人服务指引、5G 无人车巡防以及智能送水等功能的广泛应用，使智慧城市已迈入数字跃升的新阶段。

（二）医疗领域

在医疗领域，数字技术的应用也带来了巨大的变革。现在，医生可以通过数字化的医疗设备对病人进行诊断和治疗。医生可以利用数字化的 X 射线、CT 扫描和核磁共振等设备，准确地观察和分析病人的身体情况。2022 年 9 月，在上海举办的 2022 年世界人工智能大会"AI 医疗与元宇宙论坛"上，上海复动医疗管理有限公司推出复动肌骨 JOYMOTION 悦行动数字疗法产品②。作为一款软硬件结合的远程康复治疗产品，JOY-MOTION 悦行动数字疗法产品由患者端 APP、可穿戴传感器套装以及医生端管理后台组成，可为骨科和运动医学科的绝大多数患者提供远程康复治疗。

同时，数字技术还使得远程医疗成为可能，医生可以通过互联网远程为病人提供诊断和治疗建议，为偏远地区的患者提供更好的医疗服务。当前阶段，我国已成功实现全国 31 个省级行政区（包括新疆维吾尔自治区在内）远程医疗服务的全面覆盖。据统计，全国远程医疗服务的数量已突破 2600 万人次。截至 2022 年 10 月，全国范围内已建成超过 2700 家网络医院，累计为超过 2500 万人次提供了线上诊疗服务。

---

① 《解决城市治理难题，5G 来助力丨5G 十大应用案例详解》[EB/OL]，《科技日报》，2022 年 9 月 13 日。

② 动脉网、蛋壳研究院：《数字医疗年度创新白皮书（2022）》[EB/OL]，（2022.12）[2023.9]。

（三）金融领域

数字技术还广泛应用于金融领域。随着电子支付和网上银行的兴起，人们不再需要亲自去银行办理业务，可以通过手机或电脑实现各种金融交易。数字技术的应用使得金融交易更加方便快捷，也提高了交易的安全性。此外，数字技术还为金融机构提供了更好的风险控制和数据分析能力，以更好地管理资金和预测市场走势。

数字技术通过大数据分析和机器学习算法，可以对借款人的信用状况进行更准确的评估，为金融机构提供更可靠的信贷决策依据。同时，这些技术还可以用于识别潜在的金融风险，帮助金融机构提前预警和防范风险。如百信银行、中信银行利用大数据、人工智能及隐私计算等先进技术，构建一个普惠信贷风控平台。该平台基于银行间共享的安全可信数据样本，建立信贷风控模型，对普惠客群的信贷风险进行深度评估，旨在为个人用户、个体工商户以及小微企业提供更为精确和个性化的信贷服务。同时，利用合规科技，在银行数据使用全流程建立数据处理合规审查监测点，及时发现数据使用全生命周期中潜在风险点并采取相应处置措施，确保银行数据使用安全合规。

（四）教育领域

数字技术在教育领域的应用也越来越广泛。现在，许多学校和教育机构利用数字技术开展在线教育和远程教育，学生可以通过网络学习各种知识和技能。数字技术的应用不仅提供了更灵活的学习方式，还拓宽了教育资源的获取渠道。此外，数字技术还为教师提供了更好的教学工具，如电子白板、教育软件等，使得教学更加生动有趣。

淄博市和中国电信联合打造"交互式在线教学系统"，通过5G、云计算、F5G（第五代固定网络，The 5th Generation Fixed Networks）等现代化信息技术，将教室内直播信号与交互式在线教学平台有效衔接，并通过音视频终端呈现，从而突破了地域限制，将传统线下课堂变成了可视化、场景化、互动式的"智慧课堂"。该教学系统实现了优秀师资和优质教育资源远程异地共享，能精准解决当前农村学校师资需求缺口大、教育资源供给不足等问题，让教育均衡的愿景进一步成为现实。截至2022年底，淄博市5G交互式教学项目已建成两期，惠及全市445所学校。通过 5G + F5G 千兆专网覆盖近 2000 个教室，在线教学客户端覆盖 4 万名教师，全市中小学均可通过该系统学习。

（五）交通领域

数字技术在交通领域的应用也极大地改善了人们的出行体验。现在，许多城市都引入了智能交通系统，通过数字技术实现交通信号的智能控制和道路的实时监测。这使得交通拥堵得到缓解，交通事故的发生率也得以降低。此外，数字技术还推动了共享经济的发展，人们可以通过手机应用预订出租车、共享单车或租车，方便快捷地解决出行问题。

在高速公路的管理上，借助数字孪生技术的应用，使得高速公路建设与管理更加智能化和高效化。如江苏在机场路收费站试点打造面向高速公路行业的数字孪生一体化平台①，全面实现了物理场站、通行车辆、设施设备的实时数字孪生。通过静态场景建模、动态数据融合、状态交互映射、态势仿真推演四步骤，让"数字孪生"成为提升高速公路精细化管控和决策能力的"加速器"。

近年来，广东各港口大力推动数字化升级，利用 5G、AI、物联网、北斗导航、区块链及无人驾驶等先进技术，提升智慧化运营水平，实现港航、通关、贸易数据互联互通与绿色低碳发展。如深圳妈湾智慧港利用高可靠性 5G 商用网络以及自动驾驶技术，实现 5G 无人集卡的港区应用，解决了港区集卡司机高强度驾驶、人员安全隐患、招工难、用工成本高等行业痛点，利用 5G 港机远控技术使场桥作业司机减少 65%，解决了港机工人高空作业环境恶劣、工人职业寿命短等问题。

四、数字文化

数字信息技术在文化行业的广泛应用，推动了传统文化产业的活化与升级，改变了文化生产、传播、流通和消费模式，引发了市场与产业结构的链式反应。这一变革促使文化产业从规模扩张转向内涵更新，文化与科技的融合成为文化发展和科技创新的关键动力，孕育了以数字信

---

① 中国交通报、腾讯智慧交通：《智慧交通观察报告》［EB/OL］，（2023.1）［2023.9］。

息技术为核心的文化数字生态革命。

（一）传统艺术

数字化技术在艺术中的应用已经越来越广泛。在这种技术的帮助下，传统的艺术形式得到了更多的发展。数字化艺术用新颖的方式呈现了绘画、雕塑、摄影等传统艺术形式，同时引入了计算机生成艺术、交互式艺术、虚拟现实艺术等新型艺术形式。数字展览也是数字化技术的一大亮点，许多博物馆使用数字技术，将藏品数字化后，让人们能够足不出户就欣赏到博物馆的珍品。

目前，在数字技术的推动和加持下，博物馆正在经历着数字化转型的过程，并在这个过程中迸发出新的生命力。数字化技术如 VR、AR、H5、云直播、游戏等已经广泛应用于博物馆的展示和服务中，为观众提供了别样的游览体验。如故宫博物院将 90 多万件馆藏文物数字化，并向社会公布了超 10 万件文物的高清影像，推出数字故宫正在成为全球亿万观众参观博物馆的新方式。2023 年 10 月，中国国家博物馆推出的中华文明云展，运用数字孪生技术，将博物馆实体展厅映射到数字空间，利用科技手段进行全景三维建模，在云端呈现可交互、可释读的展览，让观众突破时空限制，走进"古代中国"，沉浸式感受中华文明的历史脉搏。

（二）传统文化

文化遗产的保护是一个非常热门的话题。数字化技术可以帮助文化遗产的保护和演示工作。数字技术的一个重要应用是数字化档案馆（Digital Archives），它们可以容纳无数文档、照片、录音、视频等资料。如中国的文献保护工程和档案数字化工程等，都是基于数字化技术实现。数字化技术在保护文化遗产方面的优点是，它能够保持文化遗产的原貌，同时提高传递和传播的效率。

随着信息技术的快速发展，越来越多的档案机构开始将传统纸质档案转化为数字档案，以便更好地进行存储、管理和利用。如北京市档案馆积极推进数字档案馆建设，建成高水平的数字档案室①，建成的数字档

---

① 《北京市档案馆成功创建"全国示范数字档案室"》［N］，《中国档案报》，2023 年 11 月 27 日，第 1 版。

案室具备网上接收、自动化整理归档、编纂研究、评价统计、指导引导及网上传输等功能，展现出卓越的灵活性。该系统通过综合性文件资源库实现数字拷贝和电子文件的统一管理和集中存储，并与 OA 系统无缝对接，实现电子文件的全生命周期管理。

（三）娱乐产业

数字化技术在娱乐产业中的应用非常广泛。各种数字化游戏，如电子游戏、网络游戏、手机游戏等。数字化技术还提供了互动娱乐的新方式，如虚拟现实游戏和增强现实应用，让用户能够身临其境地参与游戏和娱乐活动。数字娱乐技术也推动许多企业在娱乐产业中转型。如传统的电视娱乐产业正在努力打造数字化的流媒体服务，人们可以通过在线视频平台观看电影、剧集和综艺节目，随时随地获取娱乐资讯。

此外，数字化技术还带来了音乐、艺术和文学作品的数字化和在线传播，使更多的人能够欣赏和分享这些作品。如广州欢城文化传媒有限公司研发了一款 AI + 大众应用型音乐创作平台——唱鸭 App①，该平台是一款以喜爱音乐又有创作欲的年轻人为目标用户群体，集音乐创作、兴趣交流和表演互动为一体的音乐创作平台。它通过集成运用人工智能技术及大数据分析技术提高了音乐作品的创作效率，降低了大众参与文化艺术创作的技术门槛和难度，提供了艺术创作新模式。上线仅一年，该平台应用程序下载量累计超 5000 万次，用户量突破 1000 万，其中"95后"占比超过 90%。作为科技创新型的网络音乐平台，通过新技术赋能音乐创作，增强了音乐的传播力、吸引力、感染力。

五、数字生态

数字化赋能生态文明建设是一场前所未有的深刻变革，作为一种生态环境治理方式，数字生态文明建设通过将大数据、5G、人工智能等数字技术有机嵌入生态文明建设，在数字化与绿色化的深度融合中，为生态文明建设提供了新路径，不断提升生态文明建设的科学化、精细化、

---

① 郑慧梓：《华南地区唯一入选！这个 APP 获评全国文化和旅游数字化创新实践十佳案例》[EB/OL]，南方报业传媒集团"南方+"客户端，2022 年 10 月 18 日。

智能化水平。

（一）生态治理

生态环境的不可分割性及其关联要素的多元性，决定了生态环境治理必须坚持系统观念，做到统筹兼顾、整体施策、多措并举。通过高效的数据汇聚和人工智能、云计算、数字孪生等先进技术，可有效提升环境治理所必需的统揽全局能力、顶层设计能力、监测感知能力、预警预报能力、智慧决策能力和应急处置能力，为生态治理全系统、全流程提供智慧支撑，为人民群众提供系统化的环境服务。

以城市水系统为例，通过建立基于 AI + 大数据的城市水环境智慧管控系统，联动城市厂—站—网—河体系，通盘考虑城市水资源、水环境、水生态、水安全、水文化，可以实现对地表水、污水、生态用水、自然降水、地下水等统筹管理、综合保护与系统利用，不断满足人民日益增长的优美生态环境需要。

数字技术在生态环境监管中的应用，有助于提高监管效率和准确性，缓解传统监管方式面临的压力，推动环保事业的持续发展。如广州市生态环境局白云分局推动监管数字化，建成"智慧环保"平台①，实现生态环境治理体系和治理能力现代化，为生态环境管理提质增效按下"加速键"。"智慧环保"通过工商系统对接工商数据，再进行大数据智能判断及人工现场核实，形成了标准且完善的污染源数据库。通过智慧化监管手段为企业贴标签，"智慧环保"还建立了各项企业执法清单，为基层人员提供巡查"指引"。在优化企业管理方面，"智慧环保"建立的"一企一档"集成了环评信息、排污许可信息、行政处罚信息、历史巡查情况等内容，从而有效管理不同类别的污染源，提高监管效能。从数据互联到工单追踪，"智慧环保"的应用打破了"应用孤岛"和"信息孤岛"的困境，实现了生态环境保护决策科学化、监管精准化、服务便民化。

（二）绿色发展

数字技术的快速发展为促进减污降碳协同增效提供了新思路新方法，

---

① 叶慧珊：《广州白云：智慧城市背后的智慧环保》［N］，《珠江环境报》，2023 年 10 月 11 日，http：//sthjj. gz. cn/hbyd/zjhjb/content/post_9249208. html。

推动污染防治从末端治理转向源头控制。数字技术不仅促进节能减排，实时监测生产数据，提升资源配置效率，减少资源能源消耗。同时，数字技术为企业提供信息共享平台，降低研发创新的不确定性，支持创新活动，提升生产效率，降低碳排放与污染物排放，促进可持续发展。生产运营数字化已经成为企业重要的减碳着力点，与人工智能相关的技术减碳贡献占比将逐年提升，发挥越来越重要的作用。

通过数字技术的应用，企业可以更加精确地掌握生产过程中的能源消耗和排放情况，制定更加合理的节能减排措施。如天津市普迅电力信息技术有限公司提供的基于大数据的工业企业用能智能化管控技术，采用电气设备指纹提取、负荷用电数据预测等算法，对工业企业用能信息数据进行监控、采集，在此基础上，基于人工智能和大数据技术进行智能分析及管理，以数字化手段协助用能管控与能效提升。该技术在某营业厅节能改造项目中应用，使系统综合能效比由 1 提升至 2.5，节能率20%，节能量为 3 万千瓦时/年。

（三）环境领域

随着数字技术的不断发展和创新应用模式的探索，数字技术在环境领域的作用将更加显著，为环境保护和可持续发展提供有力支撑。

数字技术可以整合各类环境数据，建立数字化监管平台，实现信息共享和协同监管。通过实时监测和分析数据，监管部门可以及时发现环境问题，采取相应的措施进行干预和管理。此外，数字技术还可以提供决策支持，帮助决策者更好地了解环境状况，制定科学的环境政策和规划。

数字技术在环境保护领域的应用，提高了环保工作的效率，为环境保护提供了新的方法和手段。如黄河三角洲自然保护区管理委员会利用互联网、大数据、遥感等技术，建立了生态监测综合平台，构建了"天空地"一体化监测网络[①]。该监测平台从上线到 2023 年 11 月，已识别视频 3.8 万余段，训练图片 6 万余张，AI 受训的物种有 47 种。对于运动、飞翔中的个体或群体鸟类，该平台也能进行实时识别，数据报表能有效体现鸟类的迁

---

① 杜春娜：《科技守护自然，数字技术守护黄河口湿地精灵》[EB/OL]，齐鲁壹点，2023 年 11 月 15 日。

徙、活动节律等情况，实现"看见而不打扰，守护而不干预"。

总之，数字化技术的发展和应用，对社会各个方面都产生了重大影响。本节从经济、政府、社会、文化、生态五个方面进行描述，并通过丰富的案例直观地向读者展示数字技术应用情况。

第五节　数字化成效

近年来，各地区、各部门、各领域积极探索实践，深入推进数字基础设施、数据资源体系建设，促进数字技术与经济、政治、文化、社会、生态文明建设各领域深度融合，加快数字技术创新步伐，提升数字安全保障水平，营造良好数字治理生态，积极拓展数字领域国际合作，数字化建设取得了丰硕成果。

一、数字基础设施规模能级大幅提升

根据工业和信息化部发布的数据，截至2023年底，累计建成开通5G基站328.2万个，5G用户达7.71亿户，10GPON端口达2273万个。全国110个城市达到千兆城市建设标准，千兆宽带用户1.57亿户。实现"市市通千兆""县县通5G""村村通宽带"。移动物联网终端用户达23.12亿户，占移动网终端连接数的比重达57.3%，移动网络"物超人"步伐持续扩大。固定网络和移动网络中的IPv6流量占比分别达到19.06%和59.95%。全国在用数据中心总规模超过760万标准机架，算力超过200EFLOPS，位居全球第二。

二、数据资源体系加快建设

《关于构建数据基础制度更好发挥数据要素作用的意见》印发实施，系统提出我国数据基础制度框架。数据资源规模快速增长，2022年我国数据产量达8.1ZB，同比增长22.7%，全球占比达10.5%[1]，位居世界第

---

[1]《中国互联网发展报告（2023）》正式发布［EB/OL］，央广网科技，2023年7月19日，https：//tech.cnr.cn/techph/20230719/t20230719_526335070.shtml。

二。截至 2022 年底，我国数据存储量达 724.5EB，同比增长 21.1%，全球占比达 14.4%。全国一体化政务数据共享枢纽发布各类数据资源 1.5 万类，累计支撑共享调用超过 5000 亿次。我国已有 208 个省级和城市的地方政府上线政府数据开放平台。2022 年我国大数据产业规模达 1.57 万亿元，同比增长 18%。北京、上海、广东、浙江等地区推进数据管理机制创新，探索数据流通交易和开发利用模式，促进数据要素价值释放。

三、数字经济成为稳增长促转型的重要引擎[①]

根据《数字中国发展报告（2022 年）》显示，我国数字经济规模达 50.2 万亿元，总量稳居世界第二，同比名义增长 10.3%，占国内生产总值比重提升至 41.5%。数字产业规模稳步增长，电子信息制造业实现营业收入 15.4 万亿元，同比增长 5.5%；软件业务收入达 10.81 万亿元，同比增长 11.2%；工业互联网核心产业规模超 1.2 万亿元，同比增长 15.5%。数字技术和实体经济融合深入推进。农业数字化加快向全产业链延伸，农业生产信息化率超过 25%。全国工业企业关键工序数控化率、数字化研发设计工具普及率分别增长至 58.6% 和 77%。全国网上零售额达 13.79 万亿元，其中实物商品网上零售额占社会消费品零售总额的比重达 27.2%，创历史新高。数字企业创新发展动能不断增强。我国市值排名前 100 的互联网企业总研发投入达 3384 亿元，同比增长 9.1%。科创板、创业板已上市战略性新兴产业企业中，数字领域相关企业占比分别接近 40% 和 35%。

四、数字政务协同服务效能大幅提升

《关于加强数字政府建设的指导意见》印发，在 2012 年至 2022 年推进政府数字化的十年间，我国电子政务发展指数的国际排名显著跃升，从原来的第 78 位快速提升至第 43 位。在此期间，国家电子政务外网实现了对所有地级市和县级区域的全面覆盖，乡镇覆盖率达到了 96.1% 的高

---

① 《规模超 50 万亿 我国数字经济加速跑》[N]，《北京商报》，2023 年 5 月 24 日，第 2 版。

度普及水平。与此同时，全国一体化政务服务平台的实名注册用户数已突破 10 亿，平台提供超过 1 万项高频政务服务应用的标准化服务，有力推动了政务服务事项的高效办理。大量与民生息息相关的政务服务已实现"一网通办"和"跨省通办"，有效地解决了市场主体和人民群众长期以来面临的办事难、办事慢、手续烦琐等痛点问题。全国人大代表工作信息化平台正式开通，数字政协、智慧法院、数字检察等广泛应用，为提升履职效能提供有力支撑。在党的二十大报告编制阶段，中央相关机构特地发起了网络征集意见活动，累计收集了超过 854.2 万条公众留言。

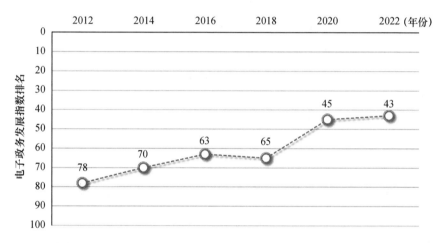

图 1 - 1　2012—2022 年我国电子政务发展指数全球排名变化情况

（数据来源：《联合国电子政务调查报告》）

　　数字文化提供文化繁荣发展新动能。《关于推进实施国家文化数字化战略的意见》印发实施，推动打造线上线下融合互动、立体覆盖的文化服务供给体系。文化场馆加快数字化转型，智慧图书馆体系、公共文化云建设不断深化，我国在提升全民阅读及艺术普及数字化服务方面成效显著，数字阅读用户已突破 5.3 亿人次。同时，网络文化创作的活力得到了进一步释放与激发。全国重点网络文学企业作品超过 3000 万部，网文出海吸引约 1.5 亿用户，海外传播影响力不断增强。数字技术与媒体融合深入推进。我国第一个 8K 超高清电视频道 CCTV - 8K 开播，为广大观众呈现超高清奥运盛会。

数字社会建设推动优质服务资源共享。据中国互联网络信息中心（CNNIC）发布的第 52 次《中国互联网络发展状况统计报告》，报告显示，截至 2023 年 6 月，我国网民规模达到 10.79 亿，互联网普及率达到 76.4%。国家全面开展教育数字化战略行动，正式开通国家智慧教育公共服务平台，建成全球最大规模的教学资源库。与此同时，数字健康服务资源迅速扩大并深入基层，地市级与县级远程医疗服务已实现全面覆盖，全年远程医疗服务总量超过 2670 万人次。社保就业数字化服务体系也得到持续拓展，全国电子社保卡持有者人数已达到 7.15 亿，各类人力资源社会保障线上服务平台不断完善，全年为民众提供了近 141 亿人次的服务。数字乡村建设加快提升乡村振兴内生动力，推进城乡共享数字化发展成果。适老化、无障碍改造行动加速推进，全民数字素养与技能持续提升。

数字生态文明建设促进绿色低碳发展。根据《数字中国发展报告（2022 年）》显示，自然资源管理和国土空间治理加快数字化转型，基本建成国家、省、市、县四级统一的国土空间规划"一张图"实施监督系统。生态环境数据资源体系持续完善，新增或补充了空气质量监测、排污口、危险废物处置等 33 类数据，数据总量达到 169 亿条。全国已建成 26 个高精度和 90 个中精度大气温室气体监测站点。数字孪生水利框架体系基本形成，启动实施 94 项数字孪生流域先行先试任务。数字化绿色化协同转型取得初步成效。截至 2022 年底，全国累计建成 153 家国家绿色数据中心，规划在建的大型以上数据中心平均设计电能利用效率（Power Usage Effectiveness，PUE）降至 1.3。5G 基站单站址能耗比 2019 年商用初期降低 20% 以上。北京、山西、四川、安徽等地探索碳账户、碳积分等形式，推进普及绿色生活理念。

数字技术创新能力持续提升。根据《数字中国发展报告（2022 年）》[①] 显示，我国信息领域相关 PCT（专利合作条约）国际专利申请近 3.2 万件，全球占比达 37%，数字经济核心产业发明专利授权量达 33.5 万件，同比增长 17.5%。我国 5G 实现了技术、产业、网络、应用的全面

---

① 国家互联网信息办公室：《数字中国发展报告（2022 年）》［EB/OL］，（2023.5）［2023.9］。

领先，6G 正加快研发布局。在集成电路、人工智能、高性能计算、EDA（电子设计自动化）、数据库、操作系统等方面也取得重要进展。各地积极推进数字技术创新联合体建设，数字开源社区蓬勃发展，开源项目已覆盖全栈技术领域。

数字安全保障体系不断完善。近些年，国家推动发布《关键信息基础设施安全保护要求》等 30 项网络安全国家标准。另外，我国在网络安全教育、技术研发及产业发展方面呈现加速态势。据统计，全国已有超过 500 所本科和高职院校设立了网络与信息安全相关专业课程。2022 年，我国网络安全产业市场规模近 2170 亿元人民币，相较于前一年实现了13.9% 的同比增长。连续 10 年举办"国家网络安全宣传周"活动，深入开展常态化的网络安全宣传教育。《数据出境安全评估办法》等发布实施，《个人信息出境标准合同规定》公开征求意见，推动提升重要数据和个人信息保护合规水平。

数字治理营造良好发展环境。目前，我国网络法律体系基本形成，网络立法的系统性、整体性、协同性、时效性不断增强。《互联网用户账号信息管理规定》《互联网信息服务深度合成管理规定》等制定实施，推动互联网信息服务管理制度持续完善。持续深入开展"清朗"系列专项行动，网络生态持续向好。另外，在数字领域标准建设方面也稳步推进，并在自动驾驶、大数据、工业互联网、智慧城市等方面，牵头推动一批数字领域国际标准立项发布。

数字领域国际合作凝聚广泛共识。我国积极参与联合国、世界贸易组织（WTO）、二十国集团（G20）、亚太经合组织（APEC）、金砖国家（BRICS）、上海合作组织（SCO）等机制下数字议题磋商研讨，推动达成《金砖国家数字经济伙伴关系框架》《"中国＋中亚五国"数据安全合作倡议》等合作协议。2022 年，世界互联网大会国际组织正式成立，会员已覆盖 6 大洲 20 余个国家，包括 100 余家机构、组织、企业及个人。我国发布的《携手构建网络空间命运共同体》白皮书[①]，明确表达了"网

---

① 《携手构建网络空间命运共同体》［EB/OL］，国务院新闻办，2022 年 11 月 7 日，http：//www. scio. gov. cn/zfbps/zfbps_2279/202303/t20230320_705520. html。

络空间前途命运应由世界各国共同掌握"的"中国愿景",为全球网络空间治理贡献了"中国智慧"。数字贸易开放合作持续深化,我国已与 28 个国家签署电子商务合作备忘录并建立双边电子商务合作机制。

总之,数字化的发展和应用,对社会各个领域都产生了积极作用。本节从 11 个不同领域,用翔实的数据说话,用丰硕的成果说话,向读者展示了我国数字化发展的成效。

本章小结

数字化是一个全面而深远的概念,可以从它的内涵、外延、本质特征等多方面去理解。数字化不仅是一种技术手段,更是一种思维方式,一种对信息社会的重新理解和塑造。深入分析数字化概念,从微观的技术应用到宏观的社会经济发展趋势上理解数字化对全社会的深刻变革。数字化技术作为实现数字化的关键,包括大数据、云计算、物联网、人工智能等,它们为数字化应用提供了强大的支撑。数字化应用已渗透到各个领域,从工业生产到金融交易,从教育医疗到城市管理,其广泛性令人惊叹。而数字化成效则是这一进程的最好证明,无论是效率的提升还是模式的创新,都显示出数字化的巨大潜力。

第二章　数字化战略

　　数字化是当今国际经济社会发展的大趋势，正在推动全球经济社会加速变革、重组全球要素资源、重塑全球经济结构、改变全球竞争格局。当下，数字技术创新日新月异，数据化、网络化、智能化、绿色化深入发展，显著弱化了传统的国家优势，重构着世界竞争格局。可以说，在可预见的未来，谁掌握了数字化发展的主动权，谁就占领了未来发展的制高点。这一发展趋势促使全球数字化发展战略竞争不断升级，各国竞相布局数字技术、数字产业等，以期在数字化发展浪潮中抢占先机。

　　由此，本章全面系统梳理全球主要经济体数字化战略，详细介绍数字中国战略，回顾党的十八大以来我国数字化相关政策演进历程，收集归纳北京、上海、浙江、重庆等地的数字化战略推进情况，希望帮助读者全面了解国内外数字化发展现状。

第一节　全球主要经济体数字化战略

国际上，全球主要经济体加快数字化政策调整，战略布局与落地实施同步推进，以抢占未来国家竞争优势与国际比较优势的重要机会窗口。本节选取数字化发展相对较早的美国、欧盟、英国、德国与日本等经济体为对象，通过梳理、总结与分析其战略路径，探讨数字化战略发展态势。

一、主要经济体数字化战略

（一）美国

作为国家数字化发展战略重要源起，美国 1993 年发布"信息高速公路计划"启动信息化革命。2000 年，美国发布《数字经济 2000》，正式确立美国国家数字化发展战略。进入 21 世纪 10 年代，美国先后发布《国家基础设施保护计划》《国家创新战略》《数字经济议程》《在数字经济中实现增长与创新》《先进制造业国家战略计划》等，反映了美国高度重视数字化建设。

2018 年，美国国防部发布《数字工程发展战略》，并将该战略定义为美国军工产业的"工业 4.0"[1]，明确了数字工程在国防工业领域的核心地位。2019 年，美国国防部发布《国防部数字现代化战略》，旨在应对当今快速变化的技术环境和对手的挑战。该战略以网络安全、人工智能、云、指挥控制和通信为四个优先事项，进一步推动了美国国防部的数字化进程。2020 年 10 月，美国发布《关键与新兴技术国家战略》，该《战略》明确指出"美国要成为关键和新兴技术的世界领导者"，构建技术同盟，实现技术风险管理，该《战略》出台的目的在于维持美国在人工智能、能源、量子信息科学、通信和网络以及空间技术等尖端核心科技领域的优势[2]。2021 年 12 月，美国国家标准与技术研究院发布《人工智能

---

① 王巍巍、王乐：《美国数字工程战略发展分析》[J]，《航空动力》，2022 年第 5 期，第 23—26 页。

② 刘新、曾立、肖湘江：《美国关键和新兴技术国家战略》述评[J]，《情报杂志》，2021 年第 5 期，第 31—38 页。

风险管理框架概念文件》，旨在帮助指导人工智能风险管理框架的开发。2022 年，美国发布《国家先进制造业战略》，提出"引领智能制造未来"和"加强供应链的联系"两个关键目标。政府出台《2022 年数字商品交易法》，建立数字产品交易框架和监管框架，开展数据市场建设。美国网络安全和基础设施安全局发布更新版《基础设施韧性计划框架》和《跨部门网络安全绩效目标 2022》，为关键基础设施建立一套共同的网络安全实践基本规则，旨在更好帮助州、地方和地区做好基础设施安全保护计划。在特朗普政府"必须让美国在太空中占据主导地位"思想指导下，美国先后发布《太空系统网络安全原则》《2022 年太空安全挑战》《国土安全部太空政策》等，强调太空网络安全，抢占"太空领导地位"。2023 年，美国国家网络总监办公室公布《国家网络安全战略实施计划》[①]，该计划详细阐述了相关职能部门在确保美国网络安全方面的举措和要求，展现了美国在网络安全领域的战略布局。美国国家航空航天局（NASA）发布了首版《太空安全最佳实践指南》[②]，该指南作为 NASA 提升安全性和可靠性的参考资源，旨在为各类规模的任务、项目或计划提供安全指导。

综上，美国的数字化发展走在世界前列，得益于其发达的数字技术实力和政府对数字化和网络安全发展的重视。长期以来，美国政府对数字化技术重视和大力支持，为美国数字化发展奠定了坚实的基础。同时，美国在网络安全方面也具有较强的实力，为数字化发展提供了安全保障。

（二）欧盟

近年来，数字化转型成为欧盟政策重点。欧盟先后发布了《里斯本战略》《未来物联网发展战略》《i2010 - 建立充满经济增长和就业机会的欧洲信息社会》《欧盟"数字红利"利用和未来物联网发展战略》《单一数字市场战略》《欧洲数字化进程报告》《塑造欧洲数字未来》《投资未

---

① 傅波：《美发布网络安全战略实施计划》［N］，《中国国防报》，2023 年 7 月 24 日，第 4 版。

② NASA：" NASA Issues New Space Security Best Practices Guide" ［EB/OL］，Dec. 22，2023，https：//www. nasa. gov/general/nasa – issues – new – space – security – best – practices – guide/.

来：欧洲2021－2027数字化转型》等政策，强调数字化转型的关键性，旨在推动欧洲地区的数字化发展。2020年10月，欧盟发布《数字金融战略》白皮书，其目的是鼓励创新和确保安全。

2021年，欧盟委员会发布《2030数字罗盘：欧洲的数字十年之路》①，为欧盟数字化转型发展提出"到2030年使欧洲建成以人为本、可持续、繁荣和富有韧性的数字社会"的战略目标。

2022年，欧盟发布《数据法案（草案）》，在《通用数据保护条例》基础上，提供了适用于所有数据的更广泛的规则，旨在建立一个公平、透明、可靠的数据保护框架，以确保数据主体的权益得到充分保障。该法案对于跨国企业、数据处理者、数据控制者以及个人用户都将产生深远影响。

（三）英国

英国的数字化转型也相对较早，2009年，英国发布《数字英国》白皮书，指明了英国在发展数字经济、数字社会和数字文化方面的行动纲领，确立数字化国家战略地位。政府出台《英国数字战略2017》，明确"打造世界级数字基础设施"目标。此后，英国先后发布《数字宪章》《产业战略：人工智能领域行动》《国家数据战略》《电信（安全）法案》等，不断完善数字化战略体系。

2022年，英国政府发布《英国数字战略》②，推动数据在政府、企业、社会中的使用，并通过数据的使用推动创新，提高生产力，创造新的创业和就业机会，改善公共服务。英国政府发布《政府网络安全战略2022—2030》，该战略旨在树立英国作为网络大国的权威，具体规定了政府在面对不断变化的网络风险时将如何建立和保持其弹性。英国国防部发布《国防网络弹性战略》③，明确提出到2026年、2030年的阶段性核

---

① 王晓菲：《〈数字罗盘2030〉指明欧洲未来十年数字化转型之路》[J]，《科技中国》，2021年第6期，第96—99页。

② 袁珩：《英国发布新版〈数字战略〉》[J]，《科技中国》，2022年第12期，第101—104页。

③ 张运雄、贺彦平、安子栋：《国防网络弹性战略（译文）》[J]，《信息安全与通信保密》，2022年第8期，第43—50页。

心目标，并对国防现状进行诊断，确立了七大优先事项战略重点及其具体实现的途径和指导原则。英国卫生和社会保健部发布《数据拯救生命：用数据重塑健康和社会关怀》①，强化数据在医疗领域的应用。科技创新与技术部发布《国家量子战略》②，该战略提出了未来十年英国成为领先量子经济体的愿景及行动计划。

综上，在英国政府的密切关注和积极推动下，各行各业数字化应用得到了广泛拓展和深度发展，网络安全也得到了前所未有的重视。

（四）德国

与美英国家不同，德国数字化始于工业领域，2010 年发布《高技术战略 2020》，2013 年推出《工业 4.0 战略》，德国通过数字技术推动工业创新，并建立"工业 4.0 合作平台"整合资源，连接政府、商界、学界和国际合作③。2016 年，德国发布《数字战略 2025》，系统提出数字基础设施建设、数字化投资与创新发展、加强智能互联领域的发展等政策内容。

2020 年，德国更新《数字战略（2025）》，明确德国在数字化领域的未来发展目标，涵盖提升数字化基础设施、发展数字经济、强化数字教育与培训、保护数据安全与隐私、推动数字化治理、支持创新与研究等内容，进一步提升德国数字化发展能力④。

2021 年，德国政府发布《联邦政府数据战略》，旨在增加商业、科学、社会和行政管理领域中数据的收集和使用，着力打造数据文化，发起国家数字化教育行动，增强德国的数字能力。

---

① 李秋娟摘译：《英国发布国家健康数据战略：7 个原则，改善数据访问和使用环境》［EB/OL］，发布于微信公众号"赛博研究院"，2022 年 6 月 28 日，https：//mp. weixin. qq. com/s? __biz = MzUzODYyMDIzNw = = &mid = 2247495656&idx = 1&sn = f003ce16388a31cfc55b0ae1644de84c&chksm = fad657cacda1dedcae01ff2dfcf11265cfbc7d22f4ddfd4b7f19ff74533909022fb002b16957&scene = 27。

② 全球技术地图：《英国发布〈国家量子战略〉》［EB/OL］，腾讯新闻，2023 年 4 月 15 日，https：//new. qq. com/rain/a/20230415A05Y4900。

③ 李振东、陈劲、王伟楠：《国家数字化发展战略路径、理论框架与逻辑探析》［J］，《科研管理》，2023 年第 7 期，第 1—10 页。

④ 孙彦红：《新产业革命与欧盟新产业战略》［M］，北京：社会科学文献出版社，2019. 5。

2023 年，德国发布首份《国家安全战略》①，内容涵盖外交、警务、国际发展、网络安全和供应链等，标志着德国国家安全理念在数字时代呈现明显的泛安全化倾向。

综上，德国在数字化发展方面具有清晰的规划和战略方向，从工业领域到国家安全领域，德国都在积极应对数字化带来的挑战，并力求在数字化发展中占据有利地位。

（五）日本

日本关于数字经济的顶层设计起步较早，日本政府先后推出《E‒Japan 战略》②《U‒Japan 战略》③《I‒Japan 战略》④《数字日本创新计划》战略计划⑤，全面加速数字化发展。日本数字化发展战略紧跟数字产业的世界前沿发展趋势。2019 年，日本政府发布《信息通信技术（ICT）全球化战略》，旨在推动经济社会领域的数字化发展，实现联合国提出的可持续发展目标。2020 年，日本政府发布《AI 战略 2022》，旨在加快人工智能在日本的发展。

日本政府十分重视大数据，在新一轮的 IT 振兴计划中，大数据被日本政府列为重要国家战略。2020 年 6 月，日本通过《个人信息保护法（修订）》提案，对个人权利、经营者的义务以及数据利用制度等进行了修订。2023 年，日本第三次修订《个人信息保护法》，内容涉及整合个人信息定义，统一分散立法，整合医疗和学术领域个人信息保护规则，明确规定行政机关对匿名化信息的处理规则等。

---

① 张菁娟：《德国首份国安战略出炉，对华态度有何变动?》［EB/OL］，观察者网，2023 年 6 月 16 日，https：//mp. weixin. qq. com/s/IxZKEagCxMG6XNVNILZqxw。
② E‒Japan："e"是 electronic 首字母，该战略以宽带化为突破口，以建设信息产业的基础设施为重点，计划 5 年内取得突破性进展，旨在为日本信息经济的发展打下坚实的硬件基础。
③ U‒Japan："u"是 ubiquitous 首字母，意指"无所不在的"，即泛在网络社会，实现信息技术更广范围的应用。
④ I‒Japan："i"是 inclusion 和 innovation 首字母，该战略重点推广数字技术的应用，并通过运用数字技术来实现新的日本创造。
⑤ 周美婷：《日本信息化的制度演变及对我国的启示》［J］，《中国国情国力》，2023 年第 9 期，第 75—78 页。

综上，日本在数字经济发展上具有清晰的顶层设计，通过制定一系列战略计划，积极推动数字化发展。

二、数字化战略发展态势

从整体看，随着云计算、大数据、人工智能等技术的飞速发展，全球数字经济规模逐年扩大。全球数字化转型步伐大幅加快，数字化发展战略主体日渐丰富，新兴经济体和发展中国家也成为数字化战略布局的重要一员，各国围绕数字技术产业竞争、国际规则及技术标准的博弈日趋激烈。

（一）优化顶层战略布局

各国在数字化转型发展战略和法律框架、在线服务水平、数据开发利用、新技术应用上均有显著提升。中国发布《"十四五"数字经济发展规划》①，为推动数字经济高质量发展提供指导。美国发布《关键与新兴技术国家战略》，旨在确保美国在关键技术领域的领导地位，应对来自全球竞争对手的挑战。英国发布《英国数字战略》，推动英国数字经济发展更具包容性、竞争力和创新性。欧盟委员会发布《2030数字罗盘：欧盟数字十年战略》②，为欧盟数字化转型发展提出战略目标。澳大利亚发布《数字经济战略2030》，明确提出"2030年建成领先的数字经济与社会"的国家愿景。

在各经济体的发展战略中，数据要素、技术产业、融合发展等已逐渐成为重点方向。在数据要素方面，2020年欧盟发布《欧洲数据战略》等法案，旨在促进数据共享，推动单一数据市场建设。韩国发布《数据产业振兴和利用促进基本法》，对数据的开发利用进行统筹安排，加快培育数据要素市场。在技术产业方面，加拿大发布《2050年路线图：加拿大半导体行动计划》，涵盖供应链多元化等多方面内容。韩国正式实施

---

① 国务院：《国务院关于印发"十四五"数字经济发展规划的通知》，国发〔2021〕29号，中国政府网，2022年01月12日，https：//www.gov.cn/zhengce/zhengceku/2022－01/12/content_5667817.htm。
② 王晓菲：《〈数字罗盘2030〉指明欧洲未来十年数字化转型之路》[J]，《科技中国》，2021年第6期，第96—99页。

《产业数字化转型促进法》，旨在加快产业的数字化转型，为产业数字化政策的制定和实施奠定法律保障。在融合发展方面，西班牙发布《数字西班牙 2025 议程》，提供 30 亿欧元推进中小企业和个体工商户数字化转型。新加坡发布《制造业 2030 愿景》，通过投资基础设施、建立生态系统等，推动传统制造业向先进制造业转型。新西兰发布《先进制造业产业转型计划草案》，将先进制造业列为产业转型计划优先考虑行业。

（二）强化安全政策牵引

随着数字化发展日益深入，新兴技术突破和创新不仅给社会带来巨大变革，也使得网络安全、信息安全等问题日益严峻。在当前全球数字化背景下，数据安全与隐私保护[1]逐渐成为社会各界关注的焦点。各国纷纷制定或调整国家安全战略，将网络安全纳入国家安全的范畴，以维护国家主权、防范安全风险，从而确保国家的安全稳定发展。

在网络安全方面，各国相继发布相关战略和法律。中国颁布《中华人民共和国网络安全法》《网络安全审查办法》，对网络运营者、网络服务提供者、网络用户等各方在网络安全方面的责任和义务进行了明确，为网络安全提供了法制保障。美国发布《改善国家网络安全行政令》[2]，以加强美国关键基础设施和联邦政府的网络安全。美国发布《国家网络安全战略》，旨在保护其数字生态系统免受犯罪和其他行为体的影响提供战略指导。美国十分重视安全国际规则的制定，与英国、德国等国家联合发布《全球供应链合作联合声明》[3]，旨在加强全球供应链合作。俄罗斯在新版《国家安全战略》[4] 中首次加入信息安全相关章节。英国将网络安全作为战略重点，日本也发布了《未来三年网络安全战略纲要》。

在数据安全方面，中国颁布《中华人民共和国数据安全法》，规范数

---

① 王乐、孙早：《关注数字经济发展中的隐私保护》[J]，《中国社会科学报》，2021 年 10 月 13 日，总第 2264 期。

② 张烨阳、刘蔚：《美国〈改善国家网络安全的行政命令〉政策理念初探》[J]，《全球科技经济瞭望》，2022 年第 8 期，第 9—15 页。

③ 孔勇：《2022 年度美国网络安全政策回顾与简析》[J]，《中国信息安全》，2023 年第 1 期，第 73—77 页。

④ 陈海峰：《普京签署新版〈国家安全战略〉》[EB/OL]，中国新闻网，2021 年 7 月 4 日，https://www.chinanews.com.cn/cj/2021/07 - 04/9512394.shtml。

据处理活动，保障数据安全。美国发布《加州消费者隐私法》（CCPA），强调个人隐私保护，对数据处理者施加严格责任。与此同时，欧盟推出《通用数据保护条例》（GDPR），构建全面的数据保护框架，加强对个人隐私权的维护。印度发布《2023年数字个人数据保护法案》，规范在印度境内处理在线收集或离线收集并数字化的数字个人数据。

在市场竞争方面，中国修订了《中华人民共和国反垄断法》，加强对平台企业垄断行为的规制。美国授权网络安全和基础设施安全局执行《中小型企业弹性供应链风险管理计划》，旨在指导中小企业应对供应链中断风险、增强整体应变能力。欧盟发布《欧洲经济安全战略》，针对当前欧盟面临的一系列经济风险，设计包括评估、提升、保护与合作的整体架构，从而达到全方位"去风险"的目标。

（三）打造数字命运共同体

各国进一步提升对数字经济规则制定的重视程度，在充分尊重各自主权与发展利益的基础上，积极参与全球数字治理规则和数字经济国际治理新机制讨论，共同构建开放、透明、公平、公正、安全、可靠的国际数字规则体系。中国发起《全球数据安全倡议》[①]，为制定全球数据安全规则提供了蓝本，呼吁各国携手努力、共同打造数字命运共同体。中国建立了由20个部门组成的数字经济发展部际联席会议制度，强化部门间协同，协调制定数字经济重点领域规划和政策，共同推动数字化转型目标、任务、战略、机制、计划和项目的实施[②]。

各地区基于地缘政治关系与产业关联形成新的合作模式，多边合作框架不断浮现。中国同缅甸、肯尼亚、阿根廷等13国于2023年共同发布《"一带一路"数字经济国际合作北京倡议》，进一步深化数字经济国际合作的20项共识[③]。东盟国家合作是南南合作、多边区域合作的典范。

---

① 《全球数据安全倡议（全文）》［EB/OL］，新华网，2020年9月8日，ht-tp：//www.xinhuanet.com/world/2020-09/08/c_1126466972.htm？baike。

② 中国信通研究院：《全球数字经济白皮书（2023年）》［EB/OL］，（2024.1）［2024.1］。

③ 胡安华：《城市发展深度融入共建"一带一路"》［N］，《中国城市报》，2023年10月23日，第A03版。

2023 年，东盟提出《东盟数字经济框架协议》，旨在制定跨境数据流动等数字贸易相关①的统一规则，为东盟后疫情时代的经济复苏提供充足动力。

第二节　数字中国战略

在数字时代背景下，我国深知数字化发展的重要性，推进数字中国建设已成为新时代发展的重要主题。党的十八大以来，我国把数字经济发展摆在突出位置，明确提出要建设数字中国，推动数字经济高质量发展。本节系统梳理党的十八大以来，我国数字化发展政策历程，揭示数字中国建设下的数字化政策体系。

一、党的十八大开启中国数字化时代

（一）党的十八大报告相关内容

2012 年，党的十八大报告明确把"信息化水平大幅提升"纳入全面建成小康社会的目标之一，并有 19 处表述提及信息、信息化、信息网络、信息技术与信息安全。党的十八大报告指出："建设下一代信息基础设施，发展现代信息技术产业体系，健全信息安全保障体系，推进信息网络技术广泛运用。"② 这充分反映了党中央对信息化的认识进一步深化，紧抓信息产业持续引导经济社会创新发展的历史机遇，统筹信息网络整体布局，构建下一代国家信息基础设施，完善网络与信息安全保障机制，充分发挥新一代信息技术产业对国家经济社会发展的支撑能力，为今后我国的数字化发展奠定了总基调。

党的十八大以来，以习近平同志为核心的党中央着眼信息时代发展大势和国内国际发展大局，立足于推动国家治理体系和治理能力现代化，准确把握全球数字化、网络化、智能化趋势，高度重视、系统谋划、统

---

①　徐金海、周蓉蓉：《数字贸易规则制定：发展趋势、国际经验与政策建议》[J]，《国际贸易》，2019 年第 6 期，第 61—68 页。

②　《胡锦涛在中国共产党第十八次全国代表大会上的报告》，新华网，2012 年 11 月 17 日，https：//www. 12371. cn/2012/11/17/ARTI1353154601465336. shtml。

筹推进我国数字化建设，实施网络强国战略、大数据战略等重大部署①。形成了日益完善、日益优化的顶层设计和政策体系，为中国数字化发展提供了重要的政策指导和战略部署。

（二）网络强国战略

2014 年 2 月 27 日，中央网络安全和信息化领导小组第一次会议上，首次提出努力把我国建设成为网络强国的目标愿景，奠定了网络强国战略②思想的基础。2015 年 10 月 26 日，党的十八届五中全会明确指出："实施网络强国战略，实施'互联网＋'行动计划，发展分享经济，实施国家大数据战略。""十三五"规划纲要明确指出"牢牢把握信息技术变革趋势，实施网络强国战略，加快建设数字中国，推动信息技术与经济社会发展深度融合，加快推动信息经济发展壮大"③。由此，网络强国战略正式成为国家战略目标之一。

（三）国家大数据战略

2015 年，党的十八届五中全会首次提出"国家大数据战略"，标志着大数据战略正式上升为国家战略。同年，国务院发布了《促进大数据发展行动纲要》④，标志着我国大数据发展进入了一个新的阶段，为我国数字化发展注入了新动力。

（四）第二届世界互联网大会

2015 年 12 月 16 日，习近平主席在第二届世界互联网大会开幕式上首次正式提出"数字中国"建设的倡议⑤，深刻指出，"中国正在实施

---

① 胡仙芝：《加强数字政府建设，促进政府治理现代化》［J］，《中国发展观察》，2022 年第 7 期，第 10—14 页。

② 中共中央党史和文献研究院编：《习近平关于网络强国论述摘编》［M］，北京：中央文献出版社，2021.1。

③ 《中华人民共和国国民经济和社会发展第十三个五年规划纲要》，中国政府网，2016 年 3 月 17 日，https：//www.gov.cn/xinwen/2016－03/17/content_5054992.htm。

④ 国务院：《国务院关于印发促进大数据发展行动纲要的通知》，国发〔2015〕50 号，中国政府网，2015 年 8 月 31 日，https：//www.gov.cn/gongbao/content/2015/content_2929345.htm。

⑤ 《习近平在第二届世界互联网大会开幕式上的讲话（全文）》，中国政府网，2015 年 12 月 16 日，https：//www.gov.cn/xinwen/2015－12/16/content_5024712.htm。

'互联网＋'行动计划，推进'数字中国'建设，发展分享经济，支持基于互联网的各类创新，提高发展质量和效益"，标志着数字中国从探索起步阶段向全面建设部署阶段迈进。

（五）网络安全和信息化工作座谈会

2016 年 4 月 19 日，在网络安全和信息化工作座谈会上，习近平总书记强调"要以信息化推进国家治理体系和治理能力现代化"，标志着我国网络安全和信息化工作进入了新的发展阶段。这是把握时代脉搏的深刻洞察，更是着眼未来发展的深远谋划。

（六）国家信息化发展战略纲要

2016 年 7 月，中共中央办公厅、国务院办公厅根据新形势对《2006—2020 年国家信息化发展战略》的调整和发展，印发了《国家信息化发展战略纲要》，作为规范和指导未来 10 年国家信息化发展的纲领性文件①。《纲要》明确提出了"网络安全和信息化是一体之两翼、驱动之双轮"这一重要论断，是信息化领域整体规划、政策制定的重要依据，为我们把握新时代网络安全和信息化发展提供了根本遵循。

党的十八大以来，以习近平同志为核心的党中央放眼未来、顺应大势，作出建设数字中国的战略决策，我国在数字技术创新、数字基础设施建设、数字产业化发展、产业数字化转型、数字经济规模等方面取得了积极进展。

表 2 - 1 2012—2016 年我国数字化政策关键节点时间表

序号	发布时间	发布方	政策	关键词
1	2012 年 6 月	国务院	关于大力推进信息化发展和切实保障信息安全的若干意见	信息化发展
2	2012 年 12 月	全国人大常委会	关于加强网络信息保护的决定	网络安全
3	2013 年 1 月	国务院	计算机软件保护条例	数字产业化

---

① 中共中央办公厅 国务院办公厅印发《国家信息化发展战略纲要》，2016 年第 23 号，中国政府网，2016 年 7 月 27 日，https：//www. gov. cn/gongbao/content/2016/ content_5100032. htm。

序号	发布时间	发布方	政策	关键词
4	2013 年 2 月	国务院	关于推进物联网有序健康发展的指导意见	数字生态
5	2013 年 8 月	国务院	关于印发"宽带中国"战略及实施方案的通知	数字生态
6	2014 年 1 月	中共中央、国务院	关于全面深化农村改革加快推进农业现代化的若干意见	数字经济
7	2014 年 3 月	中共中央、国务院	国家新型城镇化规划（2014—2020 年）	数字社会
8	2015 年 1 月	国务院	关于促进云计算创新发展培育信息产业新业态的意见	数字生态
9	2015 年 5 月	国务院	中国制造 2025	数字经济
10	2015 年 5 月	国务院	加快高速宽带网络建设推进网络提速降费的指导意见	数字生态
11	2015 年 7 月	国务院	关于积极推进"互联网＋"行动的指导意见	数字经济
12	2015 年 7 月	中国人民银行、工业和信息化部等 10 部委	关于促进互联网金融健康发展的指导意见	数字经济
13	2015 年 8 月	国务院	促进大数据发展行动纲要	数字经济
14	2016 年 5 月	中共中央、国务院	国家创新驱动发展战略纲要	数字技术
15	2016 年 5 月	国家发展和改革委员会、科技部、工业和信息化部、中央网信办	"互联网＋"人工智能三年行动实施方案	数字技术
16	2016 年 6 月	国务院	关于促进和规范健康数字医疗应用发展的指导意见	数字社会
17	2016 年 7 月	中共中央、国务院	国家信息化发展战略纲要	数字中国
18	2016 年 9 月	国务院	关于加快推进"互联网＋政务服务"工作的指导意见	数字政务
19	2016 年 11 月	国务院、中央军事委员会	无线电管理条例	信息基础设施

序号	发布时间	发布方	政策	关键词
20	2016 年 11 月	国务院	"十三五"国家战略性新兴产业发展规划	数字经济
21	2016 年 12 月	工业和信息化部	大数据产业发展规划（2016—2020 年）	数字经济
22	2016 年 12 月	商务部、中央网信办、国家发展和改革委员会	电子商务"十三五"发展规划	数字经济

二、党的十九大绘制数字中国发展蓝图

（一）党的十九大报告相关内容

2017 年，党的十九大报告①肯定了数字经济等新兴产业蓬勃发展的积极意义，明确了"加强应用基础研究，拓展实施国家重大科技项目，突出关键共性技术、前沿引领技术、现代工程技术、颠覆性技术创新，为建设科技强国、质量强国、航天强国、网络强国、交通强国、数字中国、智慧社会提供有力支撑"。为中国数字化建设提供了全面的理论和政策支持，推动了数字化建设的快速发展。至此，建设"数字中国"的宏伟蓝图全面铺开。

（二）首届数字中国建设峰会

2018 年 4 月，首届数字中国建设峰会以"以信息化驱动现代化，加快建设数字中国"为主题在福州举办，展示了我国电子政务和数字经济发展最新成果②，发布了《数字中国建设发展报告（2017）》《全国医院信息化建设标准与规范》等系列政策文件，推动了一批数字经济相关项目落地，总投资达 3600 亿元，标志着"数字中国"建设已经进入全面发

---

① 《习近平：决胜全面建成小康社会 夺取新时代中国特色社会主义伟大胜利——在中国共产党第十九次全国代表大会上的报告》，中国政府网，2017 年 10 月 18 日，https：//www. gov. cn/zhuanti/2017 – 10/27/content_5234876. htm。
② 《习近平致首届数字中国建设峰会的贺信》，中国政府网，2018 年 4 月 22 日，https：//www. gov. cn/xinwen/2018 – 04/22/content_5284936. htm。

展期。

（三）国家数字经济创新发展试验区实施方案

2019 年 11 月，我国在河北省（雄安新区）、浙江省、福建省、广东省、重庆市、四川省等地正式启动国家数字经济创新发展试验区。这一举措标志着我国在电子政务、数字经济、智慧社会等方面取得了长足进展，并正逐步进入数字化、网络化、智能化融合发展的新阶段，是我国在数字经济领域的一次重要探索和突破。

（四）数字农业农村发展规划

2020 年 1 月 20 日，农业农村部、中央网信办印发《数字农业农村发展规划（2019—2025 年）》①，以产业数字化和数字产业化为发展主线，重点建设基础数据资源体系，加强数字生产能力建设，推进农业农村生产经营和管理服务的数字化改造，以数字化引领农业农村现代化进程。《规划》实施标志着我国农业农村发展进入了一个全新的阶段，数字技术将发挥至关重要的作用，为实现乡村全面振兴提供有力支撑。

（五）推进"上云用数赋智"行动

2020 年，国家发展和改革委员会、中央网信办研究制定了《关于推进"上云用数赋智"行动 培育新经济发展实施方案》②，旨在贯彻落实数字经济战略，加快数字产业化和产业数字化，对我国数字经济发展产生积极影响。在政策支持下，企业上云用数驶入快车道，新经济业态不断涌现，数字经济的局部优势已经形成，为我国经济发展注入新动力。

（六）"十四五"规划和 2035 年远景目标纲要

2021 年，《中华人民共和国国民经济和社会发展第十四个五年规划和

---

① 农业农村部 中央网络安全和信息化委员会办公室关于印发《数字农业农村发展规划（2019—2025 年）》的通知，中国政府网，2019 年 12 月 25 日，https：//www. gov. cn/zhengce/zhengceku/2020 – 01/20/content_5470944. htm。

② "上云用数赋智"行动是指通过构建"政府引导—平台赋能—龙头引领—协会服务—机构支撑"的联合推进机制，带动中小微企业数字化转型，"上云"重点是推行普惠性云服务支持政策，"用数"重点是更深层次推进大数据融合应用，"赋智"重点是支持企业智能化改造。"上云用数赋智"行动为企业数字化转型提供能力扶持、普惠服务、生态构建，有助于解决企业数字化转型中"不会转""没钱转""不敢转"等问题，降低转型门槛。

2035 年远景目标纲要》发布，全文 80 多次提到数字经济、数字社会、数字政府等与"数字"相关的关键词，并专门设置"加快数字化发展建设数字中国"章节，这标志着数字化发展成为国家明确的政策重点方向。同时，这个时期将"数字中国"迅速纳入党和国家的各种战略规划中，我国已进入了数字化发展的新时代。

党的十九大以来，我国政府高度重视数字化发展，数字化已成为推动国家经济增长、改善民生、提升社会治理水平的关键驱动力。在时代背景下，我国政府积极布局，"数字中国"建设已经进入全面发展期，数字化的触角逐渐延伸到社会各个层面，为国家的经济发展、民生改善、社会治理等方面注入了强大动力。

表 2 - 2   2017—2021 年我国数字化政策关键节点时间表

序号	发布时间	发布方	政策	关键词
1	2017 年 1 月	中共中央、国务院	关于促进移动互联网健康有序发展的意见	数字生态
2	2017 年 1 月	中央网信办	国家网络安全事件应急预案	网络安全
3	2017 年 1 月	国务院	"互联网 + 政务服务"技术体系建设指南	数字政务
4	2017 年 3 月	外交部、国家互联网信息办公室	网络空间国际合作战略	网络安全
5	2017 年 5 月	中央网信办	网络产品和服务安全审查办法（试行）	网络安全
6	2017 年 6 月	国家互联网信息办公室	互联网新闻信息服务管理规定	数字生态
7	2017 年 8 月	国务院	关于进一步扩大和升级信息消费持续释放内需潜力的指导意见	数字生态
8	2017 年 11 月	国务院	关于深化"互联网 + 先进制造业"发展工业互联网的指导意见	数字经济
9	2017 年 11 月	中共中央、国务院	推进互联网协议第六版（IPv6）规模部署行动计划	数字基础设施

续表

序号	发布时间	发布方	政策	关键词
10	2018 年 1 月	中共中央、国务院	关于实施乡村振兴战略的意见	数字经济、数字社会
11	2018 年 4 月	国务院	关于促进"互联网 + 医疗健康"发展的意见	数字社会
12	2018 年 6 月	国务院	进一步深化"互联网 + 政务服务"推进政务服务"一网、一门、一次"改革实施方案	数字政务
13	2018 年 9 月	中共中央、国务院	乡村振兴战略规划（2018—2022 年）	数字经济、数字社会
14	2019 年 2 月	中共中央、国务院	关于坚持农业农村优先发展做好"三农"工作的若干意见	数字经济、数字社会
15	2019 年 2 月	国家互联网信息办公室	区块链信息服务管理规定	数字技术
16	2019 年 4 月	国务院	关于在线政务服务的若干规定	数字政务
17	2019 年 5 月	农业农村部	数字乡村发展战略纲要	数字经济、数字社会
18	2019 年 7 月	交通运输部	数字交通发展规划纲要	数字社会
19	2019 年 8 月	国务院	关于促进平台经济规范健康发展的指导意见	数字经济
20	2019 年 9 月	中共中央、国务院	交通强国建设纲要	数字社会
21	2019 年 11 月	自然资源部	自然资源部信息化建设总体方案	数字政府
22	2019 年 11 月	国家互联网信息办公室、文化和旅游部、国家广播电视总局	网络音视频信息服务管理规定	数字技术
23	2019 年 12 月	国家互联网信息办公室	网络信息内容生态治理规定	数字生态
24	2019 年 12 月	交通运输部	推进综合交通运输大数据发展行动纲要（2020—2025 年）	数字社会
25	2020 年 1 月	农业农村部	数字农业农村发展规划（2019—2025 年）	数字经济、数字社会

序号	发布时间	发布方	政策	关键词
26	2020 年 3 月	国务院	关于构建更加完善的要素市场化配置体制机制的意见	数字生态
27	2020 年 3 月	工业和信息化部	中小企业数字化赋能专项行动方案	数字经济
28	2020 年 4 月	国家发展和改革委员会	关于推进"上云用数赋智"行动培育新经济发展实施方案	数字经济
29	2020 年 5 月	工业和信息化部	关于工业大数据发展的指导意见	数字经济
30	2020 年 7 月	国务院	关于支持新业态新模式健康发展激活消费市场带动扩大就业的意见	数字生态
31	2020 年 7 月	国务院	关于促进国家高新技术产业开发区高质量发展的若干意见	数字生态
32	2020 年 8 月	国务院	关于以新业态新模式引领新型消费加快发展的意见	数字生态
33	2020 年 9 月	工业和信息化部	建材工业智能制造数字转型行动计划（2021—2023 年）	数字经济
34	2020 年 9 月	国资委	关于加快推进国有企业数字化转型工作的通知	数字经济
35	2020 年 11 月	国家标准化管理委员会	政务数据开放共享 第 1 部分：总则	数字政府
36	2020 年 11 月	国家标准化管理委员会	政务数据开放共享 第 2 部分：基本要求	数字政府
37	2020 年 11 月	国家标准化管理委员会	政务数据开放共享 第 3 部分：开放程度评价	数字政府
38	2020 年 11 月	国务院	区域全面经济伙伴关系协定（RCEP）	数字生态
39	2021 年 1 月	工业和信息化部	工业互联网创新发展行动计划（2021—2023 年）	数字经济
40	2021 年 2 月	自然资源部	自然资源三维立体时空数据库建设总体方案	数字生态

序号	发布时间	发布方	政策	关键词
41	2021 年 3 月	国务院	中华人民共和国国民经济和社会发展第十四个五年规划和2035 年远景目标纲要	数字中国
42	2021 年 3 月	国务院	关于进一步深化税收征管改革的意见	数字经济、数字社会
43	2021 年 3 月	工业和信息化部	关于推动 5G 加快发展的通知	数字生态
44	2021 年 4 月	交通运输部	交通运输政务数据共享管理办法	数字政府
45	2021 年 4 月	住房和城乡建设部	关于加快发展数字家庭提高居住品质的指导意见	数字社会
46	2021 年 4 月	国务院	关键信息基础设施安全保护条例	数字生态
47	2021 年 5 月	市场监管总局	网络交易监督管理办法	数字生态
48	2021 年 6 月	国务院	中华人民共和国数据安全法	数字生态
49	2021 年 6 月	国务院	数字经济及其核心产业统计分类（2021）	数字经济
50	2021 年 6 月	工业和信息化部	关于加快推动区块链技术应用和产业发展的指导意见	数字经济
51	2021 年 6 月	住房和城乡建设部	城市信息模型（CIM）基础平台技术导则	数字社会
52	2021 年 7 月	工业和信息化部	5G 应用"扬帆"行动计划（2021—2023 年）	数字生态
53	2021 年 7 月	工业和信息化部	新型数据中心发展三年行动计划（2021—2023）	数字生态
54	2021 年 7 月	工业和信息化部	数字中国发展报告（2020 年）	数字中国
55	2021 年 7 月	工业和信息化部	网络安全产业高质量发展三年行动计划（2021—2023 年）（征求意见稿）	数字生态
56	2021 年 7 月	商务部、中央网信办、工业和信息化部	数字经济对外投资合作工作指引	数字经济

序号	发布时间	发布方	政策	关键词
57	2021 年 8 月	自然资源部	实景三维中国建设技术大纲（2021 版）	数字政府
58	2021 年 8 月	中共中央、国务院	法治政府建设实施纲要（2021—2025 年）	数字政府
59	2021 年 9 月	工业和信息化部	物联网新型基础设施建设三年行动计划（2021—2023 年）	数字生态
60	2021 年 9 月	工业和信息化部	物联网基础安全标准体系建设指南（2021 版）	数字生态
61	2021 年 9 月	交通运输部	交通运输领域新型基础设施建设行动方案（2021—2025 年）	数字社会
62	2021 年 9 月	农业农村部	数字乡村建设指南 1.0	数字社会
63	2021 年 10 月	国务院	国家标准化发展纲要	数字生态
64	2021 年 10 月	中央网信办、国家发展和改革委员会、工信部、公安部、交通运输部	汽车数据安全管理若干规定（试行）	数据安全
65	2021 年 11 月	国务院	全国一体化政务服务平台移动端建设指南	数字政府
66	2021 年 11 月	国务院	提升全民数字素养与技能行动纲要	数字社会
67	2021 年 11 月	工业和信息化部	"十四五"信息化和工业化深度融合发展规划	数字经济
68	2021 年 11 月	工业和信息化部	"十四五"软件和信息技术服务业发展规划	数字经济
69	2021 年 11 月	工业和信息化部	"十四五"大数据产业发展规划	数字经济
70	2021 年 11 月	工业和信息化部	"十四五"信息通信行业发展规划	数字经济
71	2021 年 11 月	交通运输部	交通运输标准化"十四五"发展规划	数字社会

序号	发布时间	发布方	政策	关键词
72	2021 年 11 月	财政部	会计改革与发展"十四五"规划纲要	数字生态
73	2021 年 12 月	国务院	"十四五"推动高质量发展的国家标准体系建设规划	数字生态
74	2021 年 12 月	国务院	国有企业改革三年行动方案2020—2022 年	数字经济
75	2021 年 12 月	国务院	2022 年国资央企生产经营改革发展和党建工作	数字经济
76	2021 年 12 月	国务院	"十四五"国家信息化规划	数字中国
77	2021 年 12 月	国务院	"十四五"数字经济发展规划	数字经济
78	2021 年 12 月	工业和信息化部	"十四五"智能制造发展规划	数字经济
79	2021 年 12 月	工业和信息化部	国家智能制造标准体系建设指南（2021 版）	数字经济
80	2021 年 12 月	交通运输部	数字交通"十四五"发展规划	数字社会
81	2021 年 12 月	民政部	"十四五"民政信息化发展规划	数字政府

三、党的二十大全面推进数字中国建设

（一）党的二十大报告相关内容

2022 年，在全球数字经济加速发展的大趋势下，党的二十大报告① 再次强调了加快推进网络强国、数字中国建设的重要性，进一步提出发展数字经济、数字经济和实体经济深度融合等战略性目标，建设数字中国正式写入党和国家纲领性文件。顺势而为，乘"数"而上，在百年变局关键时期，数字中国建设发展的新机遇与新格局已然展开。

（二）关于构建数据基础制度更好发挥数据要素作用的意见

2022 年 12 月 19 日，《中共中央国务院关于构建数据基础制度更好发

---

① 《习近平：高举中国特色社会主义伟大旗帜 为全面建设社会主义现代化国家而团结奋斗——在中国共产党第二十次全国代表大会上的报告》，中国政府网，2022 年 10 月 16 日，https：//www.gov.cn/xinwen/2022 – 10/25/content_5721685.htm。

挥数据要素作用的意见》①（以下简称"数据二十条"）对外发布，从数据产权、流通交易、收益分配、安全治理四个方面提出 20 条政策举措。"数据二十条"的出台，充分激活了数据要素潜能，增强经济发展新动能，标志着我国在数据要素市场方面迈出了新的关键步伐。

（三）数字中国建设整体布局规划

2023 年 2 月 28 日，中共中央、国务院印发《数字中国建设整体布局规划》（本节简称《规划》）。《规划》提出数字中国建设的两个主要目标：一是到 2025 年，基本形成横向打通、纵向贯通、协调有力的一体化推进格局，数字中国建设取得重要进展；二是到 2035 年，数字化发展水平进入世界前列，数字中国建设取得重大成就。数字中国建设体系化布局更加科学完备，数据资源规模和质量全球领先，数字技术叠加效应、倍增效应、溢出效应全面释放，引领全球应用创新发展，经济、政治、文化、社会、生态文明建设各领域数字化发展更加协调充分，有力支撑全面建设社会主义现代化国家②。

《规划》以"2522"的整体框架对"数字中国"建设进行布局，即夯实数字基础设施和数据资源体系"两大基础"；推进数字技术与经济、政治、文化、社会、生态文明建设"五位一体"深度融合；构建自立自强的数字技术创新体系，筑牢可信可控的数字安全屏障，强化"数字中国"建设"两大能力"；建设公平规范的数字治理生态，构建开放共赢的数字领域国际合作格局，优化数字化发展国际国内"两个环境"。

（四）组建国家数据局

2023 年 3 月，中共中央、国务院印发了《党和国家机构改革方案》，组建国家数据局③，由国家发展和改革委员会管理。此举标志着我国大数

---

① 《中共中央 国务院关于构建数据基础制度更好发挥数据要素作用的意见》〔2023 年第 1 号〕，中国政府网，2022 年 12 月 2 日，https：//www.gov.cn/gongbao/content/2023/content_5736707.htm。

② 中共中央 国务院印发《数字中国建设整体布局规划》，中国政府网，2023 年 2 月 27 日，https：//www.gov.cn/zhengce/2023-02/27/content_5743484.htm。

③ 中共中央 国务院印发《党和国家机构改革方案》，2023 年第 9 号，中国政府网，2023 年 3 月 16 日，https：//www.gov.cn/gongbao/content/2023/content_5748649.htm。

据事业发展进入了一个全新的阶段。国家数据局的成立，旨在加强数据战略规划和政策制定、统筹数据资源整合和产业发展、统筹推进数字中国等方面工作，推动我国大数据事业的持续健康发展。未来，在国家数据局的领导下，我国数字化发展将迈向更高水平，为经济社会发展贡献更大力量。

（五）召开第六届数字中国建设峰会

2023 年 4 月 27—28 日，第六届数字中国建设峰会①在福建省福州市举办，由国家网信办、发改委、科技部、工信部、国资委、福建省人民政府共同主办，海内外上千家客商参会，共同逐浪"数字蓝海"。峰会上，系列论坛活动解读重大政策、发布重要报告，"两展一赛"集中展示了数字基础设施、数字经济、数字社会等 11 个方面的百余项数字化最新成果和优秀实践案例，系列特色活动持续推动重点行业产业生态协同创新、共同发展，有效促进数字经济上下游产业深度对接，掀起全民共享数字成果的新热潮。

（六）举办第六届智博会

由工业和信息化部、国家发展和改革委员会、科技部、国家网信办、中国科协、新加坡贸工部和重庆市人民政府共同主办的中国国际智能产业博览会②（Smart China Expo，简称"智博会"），自 2018 年以来已连续成功举办六届，标志着我国智能产业发展的丰硕成果和全球影响力不断提升。2023 年智博会以"智汇八方，博采众长"为主题，聚焦"智能网联新能源汽车"年度主旨，全力打造全球智能产业领域碰撞前沿思想、聚合优质资源的重要平台，持续扩大智博会的品牌影响力、行业引领力。

（七）召开 2023 年世界互联网大会

2023 年乌镇峰会以"建设包容、普惠、有韧性的数字世界——携手构建网络空间命运共同体"为主题，围绕全球发展倡议、数字化绿色化

---

① 人民日报社福建分社：《又一盛会将在福州举行！》［EB/OL］，发布于微信公众号"观八闽"，2023 年 3 月 18 日，https：//mp. weixin. qq. com/s/YS279GZJkEV3 LXICAh9u6A。

② 《2023 中国国际智能产业博览会高峰会举行》［EB/OL］，《重庆日报》，2023 年 9 月 4 日，https：//www. cq. gov. cn/ywdt/jrcq/202309/t20230905_12303952. html。

协同转型、人工智能、算力网络、网络安全、数据治理、数字减贫、未成年人网络保护等议题，谋合作图共赢①。2023 年 11 月，国家主席习近平向 2023 年世界互联网大会乌镇峰会致贺信，指出"要深化交流、务实合作，共同推动构建网络空间命运共同体迈向新阶段"②。

（八）举办全球数字贸易博览会

2023 年 11 月 23 日，第二届全球数字贸易博览会开幕，国家主席习近平向第二届全球数字贸易博览会致贺信③。习近平主席指出，"当前，全球数字贸易蓬勃发展，成为国际贸易的新亮点……希望各方充分利用全球数字贸易博览会平台，共商合作、共促发展、共享成果，携手将数字贸易打造成为共同发展的新引擎，为世界经济增长注入新动能"。

党的二十大以来，我国政府高度重视数字化发展，全面推进"数字中国"建设，我国数字化发展取得了积极进展，经济规模持续扩大、数字产业化和产业数字化深度融合。网络安全屏障进一步巩固、网络安全保障能力不断强化，为经济社会高质量发展和人民美好生活需要提供了有力支撑，让数字化发展更好地造福人民。同时，我国国际合作步伐加快，积极参与全球数字治理，推动构建数字命运共同体，为全球数字化发展贡献中国智慧。

表 2-3　2022—2023 年我国数字化政策关键节点时间表

序号	发布时间	发布方	政策	关键词
1	2022 年 1 月	国务院	"十四五"数字经济发展规划	数字经济
2	2022 年 1 月	中央网信办、国家发展和改革委员会等十三部门	网络安全审查办法	数字生态

---

① 李政葳、孔繁鑫、穆子叶：《千年古镇邀你共赴"十年之约"》［N］，《光明日报》，2023 年 10 月 22 日，第 6 版。
② 《习近平向 2023 年世界互联网大会乌镇峰会开幕式发表视频致辞》［N］，《人民日报》，2023 年 11 月 8 日，https：//wap. peopleapp. com/article/7252154/7092329。
③ 《习近平向第二届全球数字贸易博览会致贺信》，中国政府网，2023 年 11 月 23 日，https：//www. gov. cn/yaowen/liebiao/202311/content_6916663. htm。

序号	发布时间	发布方	政策	关键词
3	2022 年 1 月	中央网信办、农业农村部等 10 部门	数字乡村发展行动计划（2022—2025 年）	数字经济、数字社会
4	2022 年 1 月	中国人民银行	金融科技发展规划（2022—2025 年）	数字经济
5	2022 年 1 月	国务院	"十四五"城乡社区服务体系建设规划	数字社会
6	2022 年 2 月	工业和信息化部	工业和信息化领域数据安全管理办法（试行）	数字生态
7	2022 年 2 月	中国人民银行	金融标准化"十四五"发展规划	数字生态
8	2022 年 2 月	中国人民银行	关于银行业保险业数字化转型的指导意见	数字经济
9	2022 年 3 月	农业农村部	"十四五"全国农业农村信息化发展规划	数字经济、数字社会
10	2022 年 3 月	中央网信办、教育部、工业和信息化部、人力资源和社会保障部	2022 年提升全民数字素养与技能工作要点	数字素养
11	2022 年 3 月	财政部	关于中央企业加快建设世界一流财务管理体系的指导意见	数字经济
12	2022 年 3 月	国家互联网信息办公室、工业和信息化部、公安部、国家市场监督管理总局	互联网信息服务算法推荐管理规定	数字技术
13	2022 年 6 月	国务院	关于加强数字政府建设的指导意见	数字政府
14	2022 年 7 月	国家互联网信息办公室	数据出境安全评估办法	数据安全
15	2022 年 8 月	国家互联网信息办公室	数字中国发展报告（2021 年）	数字中国

序号	发布时间	发布方	政策	关键词
16	2022 年 8 月	国家互联网信息办公室	数据出境安全评估申报指南（第一版）	数据安全
17	2022 年 8 月	中央网信办、农业农村部、工业和信息化部、国家市场监督管理总局	数字乡村标准体系建设指南	数字经济、数字社会
18	2022 年 12 月	国家互联网信息办公室、工业和信息化部、公安部	互联网信息服务深度合成管理规定	数字生态
19	2023 年 1 月	工业和信息化部等十六部门	关于促进数据安全产业发展的指导意见	数据安全
20	2023 年 1 月	人力资源和社会保障部办公厅、中央网信办秘书局、工业和信息化部办公厅	数据安全工程技术人员国家职业标准	数据安全
21	2023 年 2 月	中共中央网络安全和信息化委员会办公室	全球安全倡议概念文件	数据安全
22	2023 年 2 月	中共中央、国务院	数字中国建设整体布局规划	数字中国
23	2023 年 2 月	工业和信息化部	关于进一步提升移动互联网应用服务能力的通知	数字生态
24	2023 年 2 月	国家互联网信息办公室	个人信息出境标准合同办法	数据安全
25	2023 年 3 月	市场监管总局、中央网络安全和信息化委员会办公室、工业和信息化部、公安部	关于开展网络安全服务认证工作的实施意见	网络安全
26	2023 年 3 月	工业和信息化部	关于开展 5G 网络运行安全能力提升专项行动	网络安全

续表

序号	发布时间	发布方	政策	关键词
27	2023 年 4 月	国家互联网信息办公室、工业和信息化部、公安部、财政部、国家认证认可监督管理委员会	关于调整网络安全专用产品安全管理有关事项的公告	网络安全
28	2023 年 4 月	工业和信息化部、中央网信办、国家发展和改革委员会、教育部、交通运输部、人民银行、国务院国资委、国家能源局	关于推进 IPv6 技术演进和应用创新发展的实施意见	数字基础设施
29	2023 年 4 月	中央网信办、农业农村部、国家发展和改革委员会、工业和信息化部、国家乡村振兴局	2023 年数字乡村发展工作要点	数字经济
30	2023 年 5 月	国家互联网信息办公室	数字中国发展报告（2022 年）	数字中国
31	2023 年 5 月	中央网信办、农业农村部、国家发展和改革委员会、工业和信息化部、国家乡村振兴局	信息安全技术关键信息基础设施安全保护要求	网络安全
32	2023 年 7 月	国务院	商用密码管理条例	网络安全
33	2023 年 7 月	国家网信办、工信部、公安部、国家认监委	网络关键设备和网络安全专用产品目录	网络安全
34	2023 年 7 月	国家网信办等七部门	生成式人工智能服务管理暂行办法	数字技术
35	2023 年 8 月	国务院	关于进一步优化外商投资环境加大吸引外商投资力度的意见	数字中国

序号	发布时间	发布方	政策	关键词
36	2023 年 8 月	工信部办公厅、教育部办公厅、文化和旅游部办公厅、国务院国资委办公厅、国家广播电视总局办公厅	元宇宙产业创新发展三年行动计划（2023—2025 年）	数据安全
37	2023 年 9 月	外交部	关于全球治理变革和建设的中国方案	数字中国
38	2023 年 9 月	国家密码管理局	商用密码应用安全性评估管理办法	网络安全
39	2023 年 9 月	国家密码管理局	商用密码检测机构管理办法	网络安全
40	2023 年 10 月	工信部、中央网信办、教育部等部门	算力基础设施高质量发展行动计划	数据安全
41	2023 年 10 月	科技部、教育部、工业和信息化部等十部门	科技伦理审查办法（试行）	数据安全
42	2023 年 11 月	工业和信息化部	人形机器人创新发展指导意见	数字技术
43	2023 年 12 月	国家互联网信息办公室	网络安全事件报告管理办法（公开征求意见）	网络安全
44	2023 年 12 月	工业和信息化部等十四部门办公厅	关于开展网络安全技术应用试点示范工作的通知	网络安全
45	2023 年 12 月	国家数据局	"数据要素 ×"三年行动计划（2024—2026 年）（征求意见稿）	数据安全
46	2023 年 12 月	中央网络安全和信息化委员会	关于防治"指尖上的形式主义"的若干意见	数据安全

基于《数字中国建设整体布局规划》《中华人民共和国国民经济和社会发展第十四个五年规划和 2035 年远景目标纲要》对数字经济、数字政府、数字社会、数字文化、数字生态作出的部署安排，以及《"十四五"数字经济发展规划》《"十四五"推进国家政务信息化规划》等文件，形成我国"三大引领、四项聚焦"的数字化政策体系架构。同时，我国高

度重视数字中国建设过程中的安全保障，在多项规划中均强调"统筹发展和安全，强化系统观念和底线思维"，体现我国在数字化发展过程中对安全和发展的平衡把握。

党的二十大以来，数字化政策全面引领，数字中国内涵和领域逐步丰富，"数字中国"建设进入全面加速期，数字化改革深入推进，推动各领域产业的转型升级，促进数字经济蓬勃发展，数字化对我国经济社会发展贡献率不断提高。

第三节　全国部分省市数字化实践

在党和国家系列政策推动下，中国数字化建设已全面铺开，深入推进。在30多个省市的"十四五"规划中，"互联网""网络""数字"等词被频繁提及，其中"数字"一词被提及的次数更高达600多次①。在中央总体战略部署后，各地都纷纷跟进并为当地数字化进程构建了新模式。2022年，我国数字化综合发展水平全国前10名的省市分别是浙江、北京、广东、江苏、上海、福建、山东、天津、重庆、湖北，其他省市也在加快数字化发展并取得积极成效。本节重点介绍北京、上海、浙江、福建、广东、重庆六个省市，并对其数字化发展进行深入剖析，以期为读者提供全面、翔实的参考。

一、北京市

为深入贯彻党中央、国务院关于发展数字经济的决策部署，加快建设全球数字经济标杆城市，2021年，北京市制定发布了《北京市关于加快建设全球数字经济标杆城市的实施方案》②（本节简称《实施方案》）。

---

① 国秀娟：《数字经济高质量发展启航》［J］，《经济》，2022年第5期，第53—55页。

② 中共北京市委办公厅 北京市人民政府办公厅印发《北京市关于加快建设全球数字经济标杆城市的实施方案》的通知〔政府公报2021年第31期（总第715期）〕，北京市政府网，2021年7月30日，https://www.beijing.gov.cn/zhengce/zhengcefagui/202108/t20210803_2454581.html。

（一）基本考虑和主要目标

北京市着眼世界前沿技术和未来战略需求，促进数字技术与实体经济深度融合，《实施方案》提出"六个高地"建设目标①，率先探索构建新发展格局的有效路径。目前，北京市已取得数字经济标杆城市建设的阶段性成果，正着力打造中国数字经济发展的"北京样板"和全球数字经济发展的"北京标杆"。

到 2030 年，全面实现数字化赋能超大城市治理，拥有高密度、全球化的数字经济研究服务机构，汇聚海量高频的全球流通数据，具备强大持续的数字创新活力，引领国际规则和标准制定，数字经济增加值占地区生产总值比重持续提升，建设成为全球数字经济标杆城市。

（二）主要内容和保障措施

《实施方案》围绕城市基础设施建设、数据要素资产汇聚、国际数据枢纽建设、未来标杆产业培育、数字技术创新、数字社会生态建设、数字经济规则制定及发展测度体系构建 8 个方面打造数字经济新体系，组织实施数字城市操作系统创制、城市超级算力中心建设、国际大数据交易所建设、高级别自动驾驶全场景运营示范、跨体系数字医疗示范中心建设、数字化社区建设 6 项标杆引领工程，培育壮大数字基础技术、数字化赋能、数字平台、新模式新应用 4 类数字经济标杆企业。

2023 年以来，北京市积极探索数字经济改革发展模式，加快智慧城市建设和数据要素市场培育，启动了国内首个"算力资源＋运营服务"一体化建设工程，超前布局数字基础设施，筑牢智慧城市新底座，实施了人工智能大模型创新发展伙伴计划，率先建立了国内首个数据基础制度先行区，发布数据基础制度先行区创建方案和政策清单，数字经济规模持续攀升。

与此同时，北京市制定并发布《北京市智能网联汽车政策先行区数

---

① 中共北京市委办公厅 北京市人民政府办公厅印发《北京市关于加快建设全球数字经济标杆城市的实施方案》的通知〔政府公报 2021 年 第 31 期（总第 715 期）〕，北京市政府网，2021 年 7 月 30 日，https：//www.beijing.gov.cn/zhengce/zhengcefagui/202108/t20210803_2454581.html。

据安全管理办法（试行）》①，填补了国内自动驾驶示范区级数据安全管理的空白，明确了在市自动驾驶办公室统筹指导下，企业负数据安全主体责任，构建了示范区企业数据能力提升及共享机制，不断为智能网联汽车行业发展提供"北京经验"。

二、上海市

为进一步推进具有上海特色的新型基础设施建设，提升城市能级和核心竞争力。2023 年，上海市制定发布了《上海市进一步推进新型基础设施建设行动方案（2023—2026 年）》（本节简称《行动方案》）。

（一）基本考虑和主要目标

《行动方案》提出，上海市立足产业数字化、数字产业化、跨界融合化、品牌高端化，强化技术引领、应用引导、统筹布局、开放合作，实现"四个建成"。

到 2026 年底，上海市新型基础设施建设水平和服务能级迈上新台阶，人工智能、区块链、5G、数字孪生等新技术更加广泛融入和改变城市生产生活，支撑国际数字之都建设的新型基础设施框架体系基本建成②。

（二）主要内容和保障措施

《行动方案》围绕"新网络、新算力、新数据、新设施、新终端"五个方面提出了 30 项主要任务和 10 大示范工程以及 7 项保障措施。其中，在网络方面，推动 5G 网络和固网向"双万兆"探索演进，推动实施商业星座组网、智慧天网创新工程，推动上海国家互联网骨干直连点等扩容和新建国际互联网数据专用通道等。在算力方面，构建城市级高速全光算力环网，打造超大规模自主可控智能算力基础设施，争取形成支撑万亿级参数大模型训练的国产智算能力。在数据方面，率先创建国家级数据交易平台，打造高质量多语种超大规模语料数据库，推动跨境贸易、

---

① 《全国首个自动驾驶示范区数据安全管理办法在京发布》［EB/OL］，澎湃财讯，2023 年 5 月 12 日，https：//www.thepaper.cn/newsDetail_forward_23057514。

② 上海市人民政府关于印发《上海市进一步推进新型基础设施建设行动方案（2023—2026 年）》的通知 沪府〔2023〕51 号，上海市政府网，2023 年 9 月 15 日，https：//www.shanghai.gov.cn/nw12344/20231018/8050cb446990454fb932136c0b20ba4d.html。

航运、供应链金融、区域征信等行业应用等。在创新方面，推进重大科技基础设施建设与开放。在终端方面，建设泛在智能的城市感知设施、智能汽车支撑服务设施、一体化智慧冷链物流体系、智能用能设施网络等。

上海借鉴首批示范工程经验，将在高性能计算、区块链技术、数据要素市场、公共数据运营、机器人应用、自动驾驶公交、智慧仓储、海上风电制氢、健康医疗数据和智慧养老等领域，推进新一批十大示范工程。市级财力将根据《上海市新型基础设施重大示范工程实施方案》给予支持。

此外，上海市制定《上海市数据条例》，旨在构建全方位、多层次、立体化的数据安全保障体系[①]，确保数据处理活动的合法性、合规性和安全性。该条例规定了数据处理的基本原则和要求，明确了数据保护的责任主体和义务，为维护数据安全提供了有力的法律依据。随着条例的实施，上海市将在数据安全、数据市场、数据人才等方面发挥示范作用，为全国数字经济的发展，提供可复制、可推广的经验。

下一步，上海市将深化新型基础设施建设的规划布局，加强要素支撑，完善标准体系，扩大示范应用，引导市场投入，加强法制保障，打造新型基础设施建设高地，为上海城市数字化转型、提升城市能级和核心竞争力提供重要支撑。此外，上海市还将加强与其他国家和地区的合作，共同推进全球数据治理体系的构建，为全球数字经济发展贡献中国智慧和中国方案。

三、浙江省

浙江省致力于成为数字变革的先锋，不断优化一体化智能化公共数据平台，以党政机关整体智治为推动力，实现省域全方位变革与系统性重塑。勇于探索创新平台经济监管的"浙江模式"，数字化改革已成为推动共同富裕先行和省域现代化先行的核心动力。

---

① 《上海市数据条例》，上海市政府网，2021 年 11 月 29 日，https：//www. shanghai. gov. cn/hqcyfz2/20230627/2f40bbe6ddf642b69e162cfe39a0f4a9. html。

（一）基本考虑和主要目标

2003 年，习近平总书记指出，数字浙江是全面推进浙江省国民经济和社会信息化、以信息化带动工业化的基础性工程。2020 年，习近平总书记到浙江考察，为浙江数字经济发展把脉定向。2023 年，习近平总书记进一步对浙江省提出"深化国家数字经济创新发展试验区建设"的要求，从而为数字浙江建设提供了根本遵循，也对数字中国建设作出了新部署。

结合实际情况，浙江省制定发布了《浙江省数字化改革总体方案》（本节简称《改革方案》）。《改革方案》明确了数字化改革的总体目标、基本原则、主要任务和重点领域，为浙江省数字化改革提供了清晰的路线图和任务书，聚焦"应用成果＋理论成果＋制度成果"，构建整体智治体系，加快实现浙江省治理体系和治理能力现代化。

到 2025 年底，"数字浙江"建设持续深化，全面形成党建统领整体智治体系，数字化改革理论体系丰富完备、制度规范体系成熟定型，基本建成全球数字变革高地，数字化改革成为"重要窗口"的重大标志性成果①。

（二）主要内容和保障措施

2022 年 2 月 28 日，浙江省委召开全省数字化改革推进大会，迭代升级数字化改革体系架构，整合形成"1612"体系构架。第 1 个"1"，即一体化智能化公共数据平台；"6"即党建统领整体智治、数字政府、数字经济、数字社会、数字文化、数字法治六大系统；第 2 个"1"即基层智治系统；"2"即理论体系和制度体系②。在具体推进中，省、市、县三级建立"1612"体系，涵盖党的领导、政治、经济、社会、文化、法治等省域治理的全过程各方面，并保持相对统一和完整；同时，以基层智治系统为载体，大力推动数字化改革向乡镇以下延伸，全面提升基层治理现代化水平。

---

① 中共浙江省委全面深化改革委员会关于印发《浙江省数字化改革总体方案》的通知 浙委改发〔2021〕2 号，2021 年 9 月 1 日。

② 中共浙江省委全面深化改革委员会关于印发《浙江省数字化改革总体方案》的通知 浙委改发〔2021〕2 号，2021 年 9 月 1 日。

《改革方案》围绕一体化智能化公共数据平台、党政机关整体智治系统、数字政府系统、数字经济系统、数字社会系统建设、数字法治系统、数字化改革理论体系及推进数字化改革制度规范体系建设 8 大重点任务，提出 40 项任务及 4 项保障措施。

浙江省数字化改革持续推进，助力我国经济社会高质量发展。在这个过程中，政府、企业和社会各界需共同努力，把握好数字化改革的内涵和外延，确保改革举措落地生根、开花结果。同时，浙江省将加强网络安全保障，落实网络安全责任，建立健全网络安全防护体系，加强数据安全和个人信息保护，提升应对网络安全风险的能力。制定并发布《浙江省公共数据条例》[①]，强调公共数据的安全防护，建立完善数据安全防护体系，确保数据安全保障数字化改革安全。该《条例》是全国首部公共数据领域的地方性法规，《条例》实施将有助于推动浙江省公共数据管理的高效化、规范化，为充分激发公共数据新型生产要素价值、推动治理能力现代化提供浙江样本。

四、福建省

福建省将数字福建建设作为基础性先导性工程，强化政务公共平台一体化建设，发展贴近社会、民生、企业需求的数字化应用体系，高标准举办数字中国建设峰会，加快构建跨境电商综合示范区集群，成为深化数字领域国际交流合作的重要对外窗口。2023 年，福建省制定发布《福建省数字政府改革和建设总体方案》[②]（本节简称《建设总体方案》）。

（一）基本考虑和主要目标

以数字福建现有建设成果为基础，聚焦效率、效能、效益提升。坚持系统思维，重塑数字政府技术架构、业务模型和数据资源体系。通过小切口实现大手术，实现全方位系统性变革。构建规范有序的数字化治

---

① 《浙江省公共数据条例》，浙江省政府网，2022 年 1 月 21 日，https：//www. zj. gov. cn/art/2022/2/11/art_1229641548_59709272. html。

② 福建省人民政府 关于印发福建省数字政府改革和建设总体方案的通知 闽政〔2022〕32 号，浙江省政府网，2023 年 1 月 12 日，http：//www. fujian. gov. cn/zwgk/zxwj/szfwj/202301/t20230112_6093488. htm。

理体系，增强人民获得感、幸福感和安全感，为福建高质量发展提供有力支撑①。

到 2025 年，实现数字政府"五通五在线"，打造能办事、快办事、办成事的"便利福建"，推动网上政务服务能力走在全国前列，奋力打造数字政府改革先行省、全国数字化治理示范省，贡献数字政府改革福建模式②。

（二）主要内容和实施路径

福建省坚持"全省一盘棋、上下一体化建设"原则，构建"1131＋N"一体化数字政府体系。一张网：构建"一网承载、一网协同、一体管理、一体安全"统筹建设、运营、管理的非涉密政务网络"一张网"新模式，为各级各部门提供业务承载网络环境，覆盖全省上下贯通、横向连通，非密和涉密网络独立运行、统一管理的网络基础设施。一朵云：打造集应用系统承载、数据资源应用管理、系统开发测试为一体的自主可控"一朵云"：提供符合多应用场景的基础信息底座和云资源服务。三大一体化平台：统筹一体化应用支撑平台、一体化公共数据平台、一体化运维监管平台建设，实施省市两级部署，接入已建公共系统。一个综合门户：整合 PC 端（中国福建网站集群、网上办事大厅）、手机端〔闽政通（公众版）、闽政通（政务版）〕和自助终端展示能力，形成一个综合门户，成为数字政府的官方唯一总入口。N 个应用：聚焦经济调节、市场监管、社会管理、公共服务、生态环境保护、政务运行和政务公开七大领域，依托"1131"基础平台体系，建设形态丰富、体验良好的政务业务和政务服务数字化应用。

《建设总体方案》围绕打造集约高效的"1131"基础平台体系、实现政府改革全过程数字化管理、优化政务服务"一网通办"、推进省域治理

---

① 福建省人民政府 关于印发福建省数字政府改革和建设总体方案的通知 闽政〔2022〕32 号，《福建省人民政府公报》，浙江省政府网，2023 年 1 月 12 日，http：//www. fujian. gov. cn/zwgk/zxwj/szfwj/202301/t20230112_6093488. htm。
② 福建省人民政府 关于印发福建省数字政府改革和建设总体方案的通知 闽政〔2022〕32 号，《福建省人民政府公报》，浙江省政府网，2023 年 1 月 12 日，http：//www. fujian. gov. cn/zwgk/zxwj/szfwj/202301/t20230112_6093488. htm。

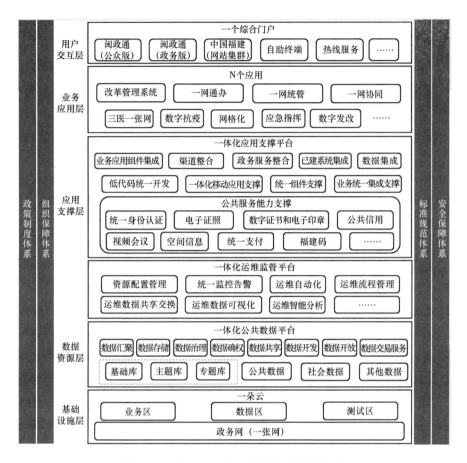

图 2 - 1 "1131 + N"一体化数字政府体系

(图片来源：福建省人民政府)

"一网统管"、提升政府运行"一网协同"、推动公共数据可见可用可变现、创新数字政府应用服务、筑牢可信可靠安全屏障、建立健全法规制度体系，以及健全完善标准规范体系 10 大重点任务，提出 46 项任务及 5 项保障措施。

当前，福建省数字政府建设已取得重要成果，根据工业和信息化部2023 年数字政府服务能力系列评估结果显示，福建省数字政府服务能力为"卓越级"。福建省以政府数字化改革管理系统为载体，对组织、权责、事项、工作任务、政策措施及考核指标实施全生命周期管理。下一步，福建省将继续发挥优势，以创新为动力，深化政府治理改革，深入推进政务数据资源共享和开放，推进数据汇聚整合共享，加速打造数字技术创新特色应用场景，通过积累和输出政府数字化改革成果，既为改革本身注入动力，又为政务服务与政府治理提升效能。

五、广东省

作为我国改革开放的前沿阵地，广东省一直以来都在积极探索并推动数字化发展，在各个领域取得了显著的成果。近年来，广东省充分发挥其区位优势、产业优势和政策优势，推进数字政府改革向基层延伸，开展数据要素市场化配置改革、"数据海关"等试点建设。2021 年，广东省制定发布了《关于进一步深化数字政府改革建设的实施意见》①（本节简称《实施意见》）。

（一）基本考虑和主要目标

广东省正全面推进数字技术在政府管理服务中的应用，深化"数字政府 2.0"② 建设。通过优化政府治理流程、创新管理模式和提升履职能力，打造数字化、智能化的政府运行新形态。数字政府改革建设对数字经济、数字政府、数字社会、数字文化和数字生态文明发挥引领作用，以数字化驱动生产生活和治理方式变革，服务于全省高质量发展。

到 2025 年，全面建成"数字政府 2.0"，政府治理流程模式不断再造优化，数字政府引领驱动全面数字化发展的作用日益明显，带动数字经济、数字政府、数字社会、数字文化、数字生态实现协同发展。

（二）主要内容和保障措施

广东省"数字政府"总体架构包括管理、业务和技术三个架构。管理架构体现"管运分离"，以政务服务数据管理部门统筹管理和"数字政府"建设运营中心统一服务为核心，构建长效机制，保证可持续发展。业务架构对接国家和省改革要求，促进机构整合和业务融合，建设整体

---

① 广东省人民政府关于进一步深化数字政府改革建设的实施意见 粤府〔2023〕47 号，广东省政府网，2023 年 6 月 26 日，http：//www.gd.gov.cn/zwgk/wjk/qbwj/yf/content/post_4206700.html。

② 中共浙江省委全面深化改革委员会关于印发《浙江省数字化改革总体方案》的通知 浙委改发〔2021〕2 号，2021 年 9 月 1 日。

型、服务型政府。技术架构采用分层设计，遵循系统工程要求，实现全省"数字政府"集约化、一体化建设和运行。

《实施意见》提出深化"三网"融合发展、筑牢数字政府网络安全防线、优化数字政府体制机制、夯实数字政府基础支撑底座、强化数据要素赋能作用、推动广东全面数字化发展 6 大重点任务及 5 项保障措施。2021 年深圳市第七届人大常委会第二次会议表决通过《深圳经济特区数据条例》，此条例是国内数据领域首部基础性、综合性、地方性法规，标志着我国在数据领域立法方面取得了重要突破，为全国各地数据立法工作提供了有益借鉴。

2023 年，广东省将"数字湾区"作为数字广东建设的先手棋和主战场，出台《"数字湾区"建设三年行动方案》①，通过"数字湾区"建设，牵引带动大湾区全面数字化发展，打造全球数字化水平最高的湾区，数字化成为推动粤港澳大湾区经济社会高质量发展的新引擎。

六、重庆市

2023 年 4 月 25 日，数字重庆建设大会召开②。会议强调，建设数字重庆是现代化新重庆建设的关键变量，是全面深化改革的突破性抓手，必须牢牢把握总体目标、重点任务，以数字化引领开创现代化新重庆建设新局面。

（一）基本考虑和主要目标

数字重庆建设③，可理解为运用数字化技术、思维和认知，将数字化、一体化、现代化融入党的领导和五大建设全过程，对经济社会发展体制机制进行系统性重塑，推进市域治理体系和治理能力现代化。数字

---

① 广东省人民政府办公厅关于印发"数字湾区"建设三年行动方案的通知 粤办函〔2023〕297 号，广东省政府网，2023 年 11 月 7 日，http：//www. gd. gov. cn/zwgk/gongbao/2023/31/content/post_4287722. html。

② 《数字重庆建设拉开大幕》［N］，《重庆日报》，2023 年 4 月 25 日，https：//www. cq. gov. cn/ywdt/jrcq/202304/t20230425_11913913. html。

③ 《以数字化引领开创现代化新重庆建设新局面》［N］，《重庆日报》，2023 年 4 月 27 日，https：//www. cq. gov. cn/ywdt/jrcq/202304/t20230427_11918999. html。

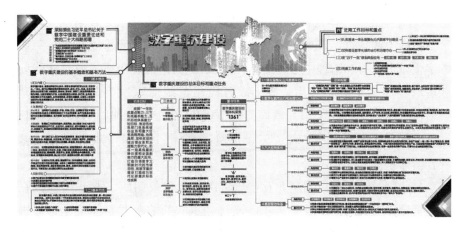

图 2-2　数字重庆

（图片来源：重庆市人民政府网）

重庆建设按照"一年形成重点能力、三年形成基本能力、五年形成体系能力"的目标，加快建设"1361"整体构架，形成一批具有重庆辨识度和全国影响力的重大应用，打造引领数字文明新时代的市域范例，打造现代化新重庆标志性成果。

到 2027 年，数字化发展水平将达到西部领先，形成数字党建、数字政务、数字经济、数字社会、数字文化、数字法治、基层智治融合发展体系。数字化建设理论体系、制度体系日益完备，市域治理体系和治理能力现代化水平显著提升，建成引领数字文明新时代的市域范例。

（二）主要内容和保障措施

数字重庆建设的整体构架是"1361"。第 1 个"1"是打造一体化智能化公共数据平台，贯通市、区县、乡镇（街道）三级业务系统，是数字重庆建设的关键支撑；"3"是一体部署数字化城市运行和治理中心、区县城市运行和治理中心、镇街基层治理中心，坚持市、区县、乡镇（街道）一体部署，打造重庆作为直辖市的最具辨识度成果，是数字重庆建设的基石；"6"是推进数字党建、数字政务、数字经济、数字社会、数字文化、数字法治"六大应用系统"建设，是数字重庆建设的重点能力；第 2 个"1"是构建基层智治，对基层治理方式进行业务重塑、流程再造，是数字重庆建设的启承。

2023 年底，一体化智能化公共数据平台已初步建成，各系统实现了重要功能上线运行，其中"渝快办"平台重构完成进度超过 90%。三级数字化城市运行和治理中心开发 12 个重点能力组件，集成贯通"八张问题清单"等 7 个典型应用。数字政务应用系统加速迭代升级，共构建"一件事"应用场景 67 个，试运行典型应用 12 个，3 个应用进入数字化城市运行和治理中心，实现"三级贯通"，全市 1031 个镇街全面建成基层智治体系①。

与此同时，重庆市制定并发布《重庆市数据条例》②，标志着我国在数据管理方面又迈出了重要一步。该《条例》旨在保护数据安全，促进数据资源合理开发利用，引导数据处理者规范行为，提高数据处理活动的透明度。相比其他省市同时期数据政策，《重庆市数据条例》在责任分配上有所侧重，既强化了数据处理者的责任，又保障了数据使用者和收集者的权益，和《上海市数据条例》较为相似。

通过本章梳理，不难看出，在全球范围内，各国数字化战略不断完善，数字技术广泛应用，为各国带来了巨大的发展机遇，随着数字化战略的深入推进，各国之间的网络安全竞争日趋激烈，带来了前所未有的安全风险。在我国，随着数字化进程的加快，各类网络安全事件频发，其中包括信息泄露、黑客攻击、网络诈骗等，不仅对公民个人信息安全构成威胁，也给国家关键信息基础设施安全带来隐患。在地方层面，各地区数字化发展程度不同，网络安全形势也存在差异。为应对严峻的数字安全形势，我国政府高度重视数字安全问题，积极制定和推行相关政策法规，加强数字安全防护体系的建设，以确保国家安全、公民隐私权和经济社会稳定发展。

① 夏元、陈国栋、何春阳、王翔、卞立成、黄乔：《集中攻坚 推进数字重庆建设取得更大突破》［N］，《重庆日报》，2023 年 11 月 1 日，第 4 版。

② 《重庆市数据条例》，重庆市大数据应用发展管理局，2022 年 3 月 30 日，https：//dsjj. cq. gov. cn/zwgk_533/fdzdgknr/lzyj/flfg/202208/t20220811_10995649. html。

本章小结

数字化变革发展速度之快、辐射范围之广、影响程度之深前所未有，各国特别是主要大国抢抓时间、竞相布局，力求在数字化浪潮中抢占先机、拔得头筹。数字中国建设作为中国的重要战略，其推进进程不断加速，为全国数字化建设树立了典范。随着数字经济的蓬勃发展，全国各地纷纷拉开数字化建设的大幕，以创新驱动产业升级，提升发展竞争力，有的注重数字基础设施建设，有的注重数字政府建设，有的注重数字经济发展，有的注重数字化改革，各有重点、特点、亮点。数字化发展势头迅猛，不断拓展新的应用场景，催生出众多新业态、新模式、新场景，为经济社会可持续发展注入强劲动力。面对数字化变革的滚滚浪潮，我们应把握机遇，携手共进，共创美好的数字化未来。

第三章　数字化安全风险

当前，数字化浪潮正席卷而来，全球将启动一场深远且具有划时代意义的数字化转型，它不仅具有全局的战略价值，还将引领一场革命性的变革。这一转型将重塑人类社会的生产方式、生产关系，推动经济结构的彻底重组，并引发生活方式的巨大转变。习近平总书记强调，"我们必须增强忧患意识，坚持底线思维，做到居安思危、未雨绸缪，准备经受风高浪急甚至惊涛骇浪的重大考验。"① 汹涌而来的数字化变革不会是一条坦途，必将是安与危共生、机与险并存。备豫不虞，为国常道。提高对数字化带来的安全问题认识，将有助于政府部门、企事业单位在数字化浪潮中做好准备，以防范可能带来的风险。本章将对网络安全风险、数据安全风险、人工智能安全风险、个人信息安全风险等相关案例进行讨论，并尝试提出安全治理方法。

---

① 《习近平：高举中国特色社会主义伟大旗帜 为全面建设社会主义现代化国家而团结奋斗——在中国共产党第二十次全国代表大会上的报告》，中国政府网，2022年10月16日，https：//www. gov. cn/xinwen/2022－10/25/content_5721685. htm。

第一节　安全新风险

当前，国家常见安全风险主要表现在政治风险、经济风险、社会风险、技术风险、自然风险、军事风险等。随着人工智能、大数据、区块链、云计算、互联网等技术的加速创新和普及应用，已出现了新的安全风险，主要包括网络安全风险、数据安全风险、人工智能安全风险、个人信息安全风险等，这些风险与政治、经济、军事等安全领域交织叠加，已上升到国家层面，为国家带来了新技术安全风险、供应链安全风险、数字基础设施安全风险等，在重组安全要素、重塑安全结构、改变安全格局中扮演着关键角色。

一、新技术安全风险

新一轮科技革命能够对传统安全领域，形成非对称的、降维打击式的影响力和威慑力，从而给国家经济安全与军事安全带来深远且重大的影响①。新一代技术快速发展，催生一系列新业态、新模式、新行业，同时也"伴生"更多安全风险变量。

以聊天机器人程序（Chatbot Program）为代表的生成式人工智能技术快速涌现并迅速普及，深入影响并塑造使用者的价值观，日益成为认知战、舆论战的重要工具。

量子通信技术打破信息安全的传统范式，对传统算力和加密通信领域产生革命性影响。人工智能"深度伪造"、区块链技术等，为政治谣言和有害信息的生成、传播提供了隐匿的方式和渠道。

卫星互联网技术发展给我国网络攻防体系带来现实威胁，应重点研究新技术变革给国家安全带来的全面且多元的新挑战，高度重视新技术快速迭代伴生的风险变量。从科技生态体系的构建和技术规则制定的角度来分析国家安全问题，聚焦如何在新科技革命浪潮中全面培养和提升

---

① 查建国、陈炼：《为国家安全提供坚实法治保障》［N］，《中国社会科学报》，2022 年 10 月 14 日，第 1 版。

国家未来的竞争优势①。

网络安全事件已成为最现实的危害，网络日益成为各类风险的策源地、传导器、放大器。依靠智能算法驱动的政治机器人通过散播虚假信息，对目标国广泛实施计算宣传和深度造假②，传播路径更加多样、手法更加隐蔽，网络化、数字化技术快速发展，数据资源的安全管理难度加大，大规模数据泄露问题屡禁不止，威胁国家安全、社会经济运行和个人合法权益。

二、数字基础设施安全风险

随着数字化进程的加速，关键信息基础设施（Critical Information Infrastructure，CII）在各个领域发挥着越来越重要的作用，是经济社会运行的神经中枢，它是关乎国家安全的命门所在。同时，数字技术也成为国家间政治和军事对抗的手段，这些设施成为网络攻防对抗的重要战场，面临着前所未有的安全风险，已成为重大的安全隐患。对手通过新技术、新手段即可跨时空、跨地域对我国重要的基础设施造成灾难性的损失，导致交通中断、金融混乱、电力破坏等严重后果。习近平总书记多次强调，需加快关键信息基础设施安全保障体系、法律法规的建设和完善。

根据天际友盟③对 2022 年国内外关键信息基础设施领域的 4063 个品牌进行的外部数字风险监测，共涉及包括互联网、金融、政府、制造业、教育、医药及保健品、信息与通信、能源与矿产、物流、软件和信息技术、建筑工程、航空航天、房地产 13 个关键领域的品牌，风险数量共209971 起。一旦发生重大的网络事故，将会对国家安全造成巨大影响。

三、供应链安全风险

数字化时代，供应链已成为支撑社会正常运转的最基本元素之一，

---

① 查建国、陈炼：《为国家安全提供坚实法治保障》[N]，《中国社会科学报》，2022 年 10 月 14 日，第 1 版。

② 查建国、陈炼：《为国家安全提供坚实法治保障》[N]，《中国社会科学报》，2022 年 10 月 14 日，第 1 版。

③ 天际友盟双子实验室：《2023 中国关键信息基础设施数字风险防护报告》[EB/OL]，（2023.6）[2023.6]。

随着数字化的快速发展，供应链也变得复杂化、多元化，复杂的供应链会引入一系列的安全问题，导致信息系统的整体安全防护难度越来越大，成为企业乃至国家在运营过程中面临的重要挑战之一。近年来，针对供应链的安全攻击事件一直呈快速增长态势，造成的危害也越来越严重。

在国际环境下，政治、经济和自然因素等不确定性可能导致供应链中断。如贸易政策的变化、关税调整、运输受阻以及汇率波动等，都可能对供应链的稳定运行产生影响。

不正当竞争是一个重要问题。企业之间为了争夺市场份额和利润，可能会采取不正当手段，如欺诈、窃取商业机密等。这些行为不仅破坏了市场竞争秩序，也给供应链带来了潜在的安全风险。

缺乏安全审查也是供应链风险的一个来源。供应商的资质、产品质量和安全性能等方面如果未经严格审查，可能导致产品缺陷、安全隐患甚至法律纠纷等问题，进而影响到整个供应链的声誉和运营。

对原材料的依赖可能导致供应链的脆弱性。如果企业过分依赖单一或少数供应商，一旦这些供应商出现问题，如生产中断、价格波动或质量问题等，企业将面临巨大的运营风险。

核心技术的缺乏也可能对供应链的安全产生影响。在某些关键领域，如果企业没有掌握核心技术，将不得不依赖外部供应商。这种情况下，企业可能面临被"卡脖子"、供应中断或价格被控制等风险。

随着全球化和科技的发展，国家安全面临的挑战也在不断演变。从地缘政治的紧张到恐怖主义的威胁，再到网络安全的挑战，国家安全风险呈现出多元化和复杂化的特点。随着信息化和数字化的快速发展，网络安全已成为国家安全的重要组成部分，为了应对挑战，我们需要深入理解网络安全风险的本质和特点，采取有效的措施来保障国家安全和稳定。

第二节　网络安全风险

习近平总书记多次强调："没有网络安全就没有国家安全，就没有经济社会稳定运行，广大人民群众利益也难以得到保障。"① 网络安全和信息化对一个国家很多领域都是牵一发而动全身，是一体之两翼、驱动之双轮。从世界范围看，网络安全威胁和风险日益突出，而我国的信息安全防控体系还较为薄弱，很难有效地应对有组织、大范围、大规模的网络攻击。本节将从网络安全的概念、风险类别及相关典型案例进行介绍。

一、网络安全基本概念

网络安全，是指通过采取必要措施，防范对网络的攻击、侵入、干扰、破坏和非法使用以及意外事故，使网络处于稳定可靠运行的状态，以及保障网络数据的完整性、保密性、可用性的能力②。狭义的网络安全更多关注互联网技术架构层面的稳定，而广义的网络安全则更多从战略与政策层面关注社会应用带来的安全。网络安全，是国家安全的重要组成部分。伴随着数字经济发展，新型网络攻击、网络犯罪、网络恐怖主义、网络暴力等网络安全事件数量激增，网络攻击形式更加多样化，网络安全形势愈发严峻。

二、网络安全风险类别

（一）网络间谍

网络间谍是一种通过互联网或其他网络渠道窃取涉密信息的攻击行为，包括渗透入侵、病毒感染、钓鱼、木马程序和社会工程学。

（二）网络攻击

网络攻击是指利用计算机网络攻击目标的行为，目的是破坏或瘫痪目标系统的运行。常用的攻击手段如下③。

---

① 《习近平出席全国网络安全和信息化工作会议并发表重要讲话》，中国政府网，2018 年 4 月 21 日，https：//www. gov. cn/xinwen/2018－04/21/content_5284783. htm。

② 肖君拥、孟达华：《总体国家安全观视野中的信息网络安全法治研究》［J］，《网络空间安全》，2019 年第 5 期，第 7—11 页。

③ 总体国家安全观研究中心、中国现代国际关系研究院：《网络与国家安全》［M］，北京：时事出版社，2022.4。

后门木马：一种基于远程控制的、善于伪装的攻击程序。当目标用户执行该程序后，就相当于为攻击者打开了一扇后门，为其接下来实施的破坏或盗取敏感数据（如各种账户、密码、保密文件等）活动，打开了方便之门。

跨站脚本（Cross – Site Scripting，XSS）攻击：一种经常出现在 web 应用中的计算机安全漏洞，恶意攻击者利用网站没有对用户提交数据进行转义处理或者过滤不足等缺点，进而盗取用户资料、利用用户身份进行某种动作或者对访问者进行病毒侵害。

拒绝服务（Denial of Service，DoS）攻击：对网络、网站和在线资源进行的网络攻击，使用虚假的系统请求使目标网络或站点过载，造成恶意"拥堵"，使得正常用户无法获取目标网络或在线资源，形成一种"动态隔绝"状态。

网络钓鱼：攻击者使用虚假超链接向用户发送看似来源合法的电子邮件或短信，如大量发送声称来自银行或其他知名机构的欺骗性垃圾邮件，意图引诱收信人给出敏感信息的一种攻击方式。

蠕虫病毒：无须计算机使用者干预即可运行的独立程序，通过不停获得网络中存在漏洞的计算机上的部分或全部控制权进行网络传播①。

结构化查询语言（Structured Query Language，SQL）注入：将一段由攻击者别有用心编写的 SQL 语句交给数据库，欺骗管理系统进行执行，进而窃取、篡改或破坏各类敏感数据，以达到攻击目的。

零日漏洞：指已经被发现但是还未公开的安全漏洞，由于这些漏洞尚未被公开，因此没有补丁修复，往往能造成突发性强、破坏力大的后果。

（三）网络舆论战

网络舆论战，是通过计算机网络，有计划地向受众传递经过选择的信息和材料，阻断、瓦解和反击敌方的宣传攻势，从而影响受众的情感、动机、主观判断和行为选择，主导新闻舆论、影响民意归属，改变双方

---

① 毛韶阳、王志、李肯立：《即时通信的 PKI 保护策略研究》[J]，《湖南人文科技学院学报》，2007 年第 4 期，第 45—48 页。

整体力量对比的行动①。

（四）网络战

网络战除了上面提及的网络窃密攻击、网络破坏攻击、网络舆论战，还包括电子战、信息战、电磁频谱战和当下流行的网络中心战、多域作战和"马赛克战"等。未来战争将以传感器为"节点"，以网络为"筋脉"，以数据为"弹药"，实现对所有作战能力的无缝衔接、有效指挥和快速智能决策，战场的速度、进程将无限加快。

（五）网络犯罪

网络犯罪，是指行为人运用计算机技术，借助网络对其系统或信息进行攻击、破坏或利用网络进行犯罪的总称②。类型如：窃取网络虚拟资产、网络寻衅滋事、网络洗钱、网络赌博、网络贩毒、网络勒索等。

（六）网络恐怖主义

网络恐怖主义，是指非政府组织或个人有预谋地利用网络，并以网络为攻击目标，以破坏目标所属国的政治稳定、经济安全，扰乱社会秩序，制造轰动效应为目的的恐怖活动，是恐怖主义向信息技术领域扩张的产物③。

（七）网络安全的泛化与政治化

在不断泛化的"国家安全"大旗下，以美国为首的西方国家在打击遏制我国网络信息领域方面日益加码：一是在舆论上抹黑他国信息安全产品或服务中的安全隐患；二是对具有领先优势的他国科技企业采取不公正或歧视性措施；三是运用行政手段以网络安全为由强制性排除他国科技产品，封锁国内市场④。

---

① 林众、毕野青：《论信息化战争中的新闻舆论战》[J]，《活力》，2013 年第 8 期，第 70—71 页。

② 刘奇付、马宏恩：《网络环境下不良行为防治研究》[J]，《电脑知识与技术》，2012 年第 8 期，第 6232—6234 页。

③ 唐岚：《网络恐怖主义面面观》[J]，《国际资料信息》，2003 年第 7 期，第 1—7 页。

④ 李峥：《全球新一轮技术民族主义及其影响》[J]，《现代国际关系》，2021 年第 3 期，第 31—39 页。

三、网络安全领域典型案例

案例1①：2022 年 6 月 22 日，西北工业大学发表声明，称学校遭到了海外黑客的袭击。随后在 9 月 5 日，国家计算机病毒应急响应中心发布了针对该事件的调查报告，将这次网络攻击行为源头指向美国国家安全局（National Security Agency，NSA）。作为我国在航空、航天和航海工程教育与科研领域的重要学府，西北工业大学汇聚了众多国家级研究团队及精英人才，并承担着一系列重大科研项目的执行重任。因此，此次事件对我国国家安全构成了实质性的风险挑战。经过我国有关部门深入调查证实，发动此次攻击的具体单位是隶属于美国国家安全局的特定入侵行动办公室（Office of Tailored Access Operation，TAO），该机构自 1998 年成立以来，一直是以执行针对他国大规模网络攻击与情报窃取任务为主的战术执行部门，其成员由超过 2000 名军人和文职人员组成。此次攻击行动的负责人是罗伯特·乔伊斯，1989 年进入 NSA 工作，曾经担任过"特定入侵行动办公室"副主任、主任，现担任美国国家安全局 NSA 网络安全主管。

案例2②：2023 年 10 月 7 日巴勒斯坦武装袭击以色列，随后以色利向哈马斯宣战。冲突爆发以来，哈马斯的黑客正在努力使巴以冲突成为网络战的下一个战线。与伊朗和俄罗斯等国家有联系的黑客组织对以色列发起了一系列网络攻击和在线活动，其中一些甚至可能发生在哈马斯10 月 7 日进攻之前。在 Telegram（一种跨平台的即时通信软件）上，黑客团队声称他们破坏了以色列的网站、电网、火箭警报应用程序和铁穹导弹防御系统。至少有一家以色列报纸《耶路撒冷邮报》承认黑客暂时关闭了其网站。据以色列网络安全组织 Check Point Software 的发言人 Liz-Wu 透露，已经有 40 多个团体发起攻击，自哈马斯袭击事件发生以来，这些攻击已经淹没了 80 多个网站，其中包括政府和媒体网站。

---

① 《西北工业大学遭美国 NSA 网络攻击事件调查报告（之二）》，中国青年网，2022 年 9 月 27 日，https：//baijiahao. baidu. com/s？id = 1745089202044546019&wfr = spider&for = pc。

② 情报分析师：《以哈冲突中的网络战》［EB/OL］，（2023.10）［2023.10］。

案例3①：2016年，美国海军的"库克"号导弹驱逐舰正在黑海地区针对俄军进行武力挑衅，随后俄罗斯的一架苏－24M"击剑手"战斗轰炸机赶到战场，对这艘美军驱逐舰进行了多达12次的模拟攻击。最终"库克"号导弹驱逐舰全船的电子设备失灵，不得不狼狈逃出黑海。表面上看这只是一次孤立事件，但实际上反映出的却是俄军在局部战场上完全能够对美军进行电磁压制，在叙利亚也多次出现了类似的情况。俄罗斯已经把陆基功率世界最大的"摩尔曼斯克"电子战系统部署在了多个地区，克里米亚半岛上就有4组，其完全可以确保俄军在自己使用电磁频谱的情况下，阻止敌方使用电磁频谱。

案例4②：2023年6月2日，俄罗斯网络安全公司卡巴斯基（Kaspersky）的研究人员公布了"三角测量计划"（Project Triangulation）的详细调查结果，这是他们正在进行的对iOS（一款苹果公司开发的移动操作系统）恶意软件攻击的调查，认为这是他们见过的"最复杂的"恶意软件。该恶意软件于2023年6月被首次报道，实际自2019年以来已开始入侵设备，且目前仍在活跃中，可适用于高达16.2的iOS版本。该公司首席执行官尤金·卡巴斯基将其描述为"一种极其复杂，专业化的网络攻击"，它利用了iPhone中的4个零日漏洞，包括绕过Apple基于硬件的内存保护，以获得根级访问权限并安装间谍软件。

案例5③：2022年8月，国内的相关研究人员发现，在越南活跃的海莲花（APT32）组织转向攻击我国关键基础设施单位，且主要以窃取机密资料和重要文件为目标。经分析，海莲花组织的攻击方式多样，攻击链条复杂，但使用的核心攻击技术与最终木马载荷较为固定。在本次事件中，海莲花组织采用鱼叉式网络钓鱼手段植入RemyRAT远程控制木马，

① 《美军司令：这一领域打不赢，其他战斗都得输!》［EB/OL］，谷火平观察，2021年7月9日，https：//baijiahao. baidu. com/s? id = 1704792279130552286&wfr = spider&for = pc。

② 《卡巴斯基的"三角测量行动"报告中详细介绍了有史以来最复杂的iPhone恶意软件攻击》，IT时代网，2024年1月1日，http：//www. ittime. com. cn/news/news_84262. shtml。

③ 天际友盟双子实验室：《2023中国关键信息基础设施数字风险防护报告》［EB/OL］，（2023.6）［2023.6］。

靶向投递窃密程序以最终窃取关键研究资料及技术成果。

可见，网络攻击的方式多种多样，动机与攻击方身份各有不同，而其造成的现实风险正不断攀升，对人们的生产生活甚至国家安全、社会稳定造成较大损失与危害。通过对案例分析，导致安全事件发生的主要原因有外部威胁、技术缺陷、恶意软件等。总体看来，随着信息技术与互联网技术的进步，网络攻击已逐渐呈现出三个主要发展趋势：一是技术手段从简单走向复杂；二是实施主体从个人走向组织；三是危害从个体走向国家。网络攻击早已从"恶作剧"成为恶意行为体的"好用工具"，特别是网络攻击武器化的风险日益突出，对国家安全的影响日趋严峻。

网络安全旨在防止未经授权的访问、网络破坏、数据泄露等。网络安全是数据安全的基础，两者紧密关联，只有当网络系统得到有效保护，数据才能在网络中安全传输和存储。

第三节　数据安全风险

作为一种新的生产要素，数据已经迅速地融入生产、流通、消费以及社会服务管理的各个方面，对生产、生活和社会治理方式产生了深远的影响。数据也是国家基础性战略资源，浩瀚的数据海洋就如同工业社会的石油资源，蕴含着巨大的生产力和商机。随着数据在各个领域的重要作用日益凸显，数据风险和数据安全问题也日益凸显，对人类社会发展提出了空前的挑战。数据的安全关系到整个社会的方方面面，它的保护和治理关系到数据自身的发展和安全。尤其当前各类数据的拥有主体多样，处理活动复杂，安全风险加大，按照总体国家安全观的要求，切实做好数据安全保护十分必要。本节将从数据安全的概念、风险类别及相关典型案例进行介绍。

一、数据安全基本概念

数据安全①，是指通过采取必要措施，确保数据处于有效保护和合法

---

① 张先哲、马晓：《基于混合云的数据容灾备份方案研究》[J]，《网络安全技术与应用》，2022 年第 2 期，第 86—87 页。

利用的状态，以及具备保障持续安全状态的能力。数据安全的内涵可以从两个方面来认识：一是保护数据的完整性、保密性、可用性；二是保护数据承载的国家安全、公共利益或者个人、组织合法权益，如个人信息保护、涉及国家经济社会发展的重要数据安全保护以及数据出境场景下的国家安全、社会公共利益等安全保障。

二、数据安全风险类别

（一）违规采集风险

违规采集风险，是指个人、组织或企业在未经授权的情况下，对个人数据进行非法采集的风险。这种风险可能对个人隐私、财产和人身安全造成严重威胁，并对企业声誉和竞争力产生负面影响。

（二）数据篡改风险

数据篡改风险，是指数据被非法修改、损坏或删除，可能导致数据的准确性和完整性受到破坏。

（三）数据泄露风险

数据泄露风险，是指在数据处理、传输和使用过程中，由于各种原因导致数据泄露、丢失或被恶意利用的可能性。人工智能、生命科学等新技术的快速发展和广泛应用，加剧了隐私暴露、数据泄露的风险，金融、能源、医疗生物等高价值特殊敏感数据泄露风险正在加剧。

（四）数据贩卖风险

数据贩卖风险，是指在数据交易过程中，由于各种原因导致的个人信息泄露、数据滥用、非法交易等不良后果。非法贩卖数据已成为灰色地带，个人信息被倒卖，给个人人身、财产、生命安全带来了较大危害。

（五）违规使用风险

违规使用风险，是指在不遵守规定、政策、法律或合同条款的情况下，个体或组织所面临的潜在损失和负面影响。数据成为互联网平台企业发展和盈利的核心引擎，由此也引发了个人信息滥用程度加重、数据垄断乱象频发的数据安全风险。

（六）数据跨境风险

数据跨境风险，是指数据在跨境传输过程中可能面临的各种风险。

随着全球化的不断推进和互联网技术的快速发展，数据跨境传输已成为常态。数据是一国的重要生产要素，也是一种战略性资源，越来越多的数据跨境给国家安全造成了潜在的威胁①。

三、数据安全领域典型案例

案例1②：2022 年 7 月，为防范国家数据安全风险，维护国家安全，保障公共利益，网络安全审查办公室依据《中华人民共和国国家安全法》《中华人民共和国网络安全法》，按照《网络安全审查办法》对滴滴全球股份有限公司实施网络安全审查。经查明，滴滴公司共存在 16 项违法事实，涉及违法收集、过度收集、违法分析用户信息等 8 个方面，涉及手机截图、打车地址、精准位置等多类信息，涉及个人信息数据达亿级。网络安全审查还发现，其违法违规运营给国家关键信息基础设施安全和数据安全带来严重安全隐患。国家互联网信息办公室依法对滴滴公司处人民币 80.26 亿元罚款。

案例2③：我国有关部门发现，一家境外咨询调查机构以高额报酬为诱饵，接触我国航运企业和代理服务公司管理层，以高额报酬为诱饵，打着招募行业咨询顾问的旗号，与我国数十位相关人员建立起所谓的"合作关系"，并暗中搜集我国航运业数据。深入调查显示，这家境外咨询调查公司与所在国家的情报机关关系密切，将从我国境内获取的航运相关数据悉数转交给该国间谍情报部门。为了有效防止类似危害行为的持续发生，我国相关部门及时采取行动，对涉事的境内人员进行了严肃的安全教育警示，并要求其所在企业强化内部员工管理及提升数据安全保护措施。同时，依法对这家境外咨询调查公司的有关活动进行了查处。

---

① 查建国、陈炼：《为国家安全提供坚实法治保障》[N]，《中国社会科学报》，2022 年 10 月 14 日，第 1 版。

② 沈学雨、刘恺、李梓萱：《信息时代大数据应用的法律规制》[J]，《法制博览》，2022 年第 28 期，第 51—53 页。

③ 刘奕湛、刘硕：《国家安全部公布三起危害重要数据安全案例》[N]，《新华每日电讯》，2021 年 11 月 1 日，第 3 版。

案例3①：2022 年 8 月，有人在境外某黑客论坛上发帖，以 120 万美元价格拍卖上海健康码数据库，声称其中包含 4850 万用户的数据，包含自随申码推行以来，居住或到访过上海的所有人的身份证号、姓名及手机号。发帖者为证实数据真实性，公开了 47 组样本数据，包含了用户的手机号码、姓名、身份证号等多项信息，针对该情况我国相关部门已积极介入开展工作。

案例4②：气象数据关乎国家信息安全与资源安全，它对于军事防御、粮食安全、生态环境保护、气候研究及公共福祉等多个领域的安全保障至关重要。据报道，2023 年以来，相关部门依据法律法规启动了一连串针对跨境气象探测活动的专项治理行动。在这期间，对超过 10 家外国气象设备代理企业进行了依法审查，并对逾 3000 个带有涉外性质的气象观测站点展开了排查。行动中揭示了数百处非法设立的跨境气象监测点，这些站点实时地向境外传送我国的气象信息数据，分布在我国 20 多个省级行政区，从而构成了对我国国家安全的潜在威胁和风险因素。

案例5③：2024 年 1 月 24 日，一次针对位于哈巴罗夫斯克的俄罗斯远东太空水文气象研究中心 "Planeta" 的网络攻击，导致该气象研究中心 280 台服务器被摧毁，并且丢失了 2PB（200 万 GB）、至少价值 1000 万美元的数据。Planeta 负责接收和处理军事卫星数据，这次攻击被认为是由 BO Team 组织中的志愿爱国者发起的。

通过分析，造成的原因主要是技术原因、人为原因、法律和合规原因、管理原因等，充分说明了数据安全风险对个人、企业和国家的严重威胁。因此，我们需要加强数据安全防护，采取有效的措施保障数据的保密性、完整性和可用性。建立完善的数据安全管理制度和标准，增强

---

① 《2022 年国内十大信息泄露事件》，赤峰市司法局，2023 年 1 月 4 日，http://sfj. chifeng. gov. cn/sfj_ztzl/wlaq/202301/t20230104_1939517. html。

② 安平：《国家安全机关会同有关部门开展涉外气象探测专项治理》［EB/OL］，（2023.10）［2023.11］。

③ 《俄罗斯 280 台服务器被摧毁，2pb 数据丢失》［EB/OL］，FreeBuf，2024 年 1 月 29 日，https：//new. qq. com/rain/a/20240129A043WO00。

数据安全意识等。只有这样，我们才能应对数据安全风险，保护数据的完整生命周期安全。

数据是人工智能系统的三大要素之一，是训练和优化模型的基础。因此，保护数据的安全对于保障人工智能系统的安全至关重要。随着人工智能技术的不断发展和应用，数据安全和人工智能安全将面临更多的挑战和机遇。

第四节　人工智能安全风险

人工智能作为一项赋能型技术，是维护和支撑政治、经济、科技和社会等其他领域安全的重要力量。随着人工智能技术在不同领域的应用，其引发的安全风险涵盖了国家、社会、企业和个人等多个层面[①]。如果人工智能系统遭到攻击或破坏，可能会造成严重的后果，如经济损失、人身伤害甚至政治动荡。因此，在席卷全球的人工智能浪潮中，建立人工智能安全体系是应对人工智能安全问题的关键一环。本节将从人工智能安全的基本概念、风险类别及相关典型案例进行介绍。

一、人工智能安全基本概念

人工智能安全[②]，是指通过采取必要措施，防范对人工智能系统的攻击、侵入、干扰、破坏和非法使用以及意外事故，使人工智能系统处于稳定可靠运行的状态，以及遵循人工智能以人为本、权责一致等安全原则，保障人工智能算法模型、数据、系统和产品应用的完整性、保密性、可用性、鲁棒性（Robust，健壮、耐用之意，专指计算机软件在输入错误、磁盘故障、网络过载或恶意攻击等异常和危险情况下保持生存和运行的能力）、透明性、公平性和隐私的能力。

---

① 谢波、李晨炜：《生成式人工智能对犯罪和侦查的双重形塑及其演变逻辑》[J]，《中国人民公安大学学报（自然科学版）》，2023年第4期，第91—102页。

② 马珊珊、李斌斌、徐洋：《可信赖人工智能标准化研究》[J]，《信息技术与标准化》，2022年第9期，第46—54页。

二、人工智能安全风险类别

（一）传统人工智能风险

1. 对抗性攻击

对抗性攻击的风险，是指通过在输入数据中掺杂恶意噪声使系统做出错误的决策。

2. 逆向攻击

逆向攻击的风险，是指向目标模型发送大量特定的查询请求，通过获取的模型关键参数或安全漏洞实现模型篡改或隐蔽攻击的目的。

3. 行为不可控

行为不可控的风险，是指人工智能系统的自我学习能力可能导致其行为变得无法被控制和预测，从而带来不可预知的安全威胁。

4. 发展失控

发展失控的风险，是指人工智能技术已经被用于战场，作为杀伤性武器使用，带来失控的风险。

5. 伪造技术

伪造技术的风险，是指利用生成对抗网络和卷积神经网络等深度学习算法，伪造文本、图像、视频、虚拟场景等，也为政治抹黑、军事欺骗、经济犯罪等提供了新工具。

（二）生成式人工智能风险

1. 成为信息战工具

美国生成式人工智能产品的信息输出功能承载着后台美国技术操控者的话语权，充满着美西方"政治正确"，植入美西方意识形态，用户越多、使用范围越广就意味着其话语权越大、价值渗透力越强。

2. 成为数据泄露平台

当前，在大量隐私数据和涉密数据被私自收集、买卖、利用的背景下，生成式人工智能产品获取信息的合法性没有得到解决，在生成式人工智能产品生成内容中已发现与公司机密"非常相似"的文本，当前生成式人工智能产品无论是数据获取、汇聚、加工处理，还是运算结果输出，各个环节都存在数据泄露的风险。

3. 成为恶意代码生成工具

生成式人工智能的一个很强大的功能就是代码自动生成，包括为复杂的算法生成代码，为简单的功能生成代码，这不仅可大幅提升编程效率，还能大幅降低编写程序的门槛，同时，其正成为黑客生成恶意代码的高效工具。

4. 成为社会工程学攻击工具

基于"大模型+大数据+高算力"的生成式人工智能，通过深度学习算法进行训练，能对大规模的语言数据进行理解，并生成自然语言，具有强大的语言处理输出功能，成为实施社会工程学攻击的有效利用工具。

5. 成为新型破网工具

国内有大批用户想方设法绕过管制使用国外生成式人工智能产品（如 ChatGPT），表面上是使用了其功能，但实质是获取了大量需要"翻墙"才能获取的数据，成为一种新型破网工具。

6. 成为非法使用的切入点

生成式人工智能除了本身可以作为一个软件独立使用外，其更大的应用前景是可以嵌入其他应用内使用，从事非法行为。

7. 成为军事作战辅助工具

一旦装备 ChatGPT 或类似程序，就能够实时响应战场上分队或单兵的交互信息，提供最新的战场态势，从而缩短军事决策过程所需时间，极大提升作战效率。

8. 成为搜集用户数据进行精准画像的工具

生成式人工智能（如 ChatGPT）可以利用自己无害的伪装，吸引无数人使用这个程序，用户只有不停地通过对话才能获取想要的结果，毫无戒备的用户从交谈中泄露出看似无用却有价值的信息，从而对用户职业、性格、爱好等各方面精准画像，后续则能通过黑客技术进一步获取涉密信息。

9. 成为"以假乱真"的新工具

尽管当前的人工智能文生视频大模型，如 Sora（美国人工智能研究公司 OpenAI 开发的大模型），在生成的视频中还存在不完美之处，但随着深度伪造技术的不断进化，其"易容"技巧变得愈发高超，使得识别视频的真实性变得愈发困难。这种高级的文生视频技术为虚假信息和仇恨内容的制作提供了便利，一旦被误用或滥用，将会引发一系列的伦理问题。①

三、人工智能领域典型案例

案例1②：据《以色列时报》报道，以色列军队使用人工智能武器快速识别和打击哈马斯的目标。在2023年10月开始的地面军事行动中，以军已确定了约1200个哈马斯的新目标。从报道分析，以军主要用人工智能武器干两件事。

一是精准锁定目标。具体说来，就是以军利用人工智能技术，通过大数据分析、脸部识别等手段，精准选择哈马斯目标，然后立即发动攻击。天上的卫星、侦察机，空中的监控系统，以及通信时截获的大量情报，人工智能都会对它们进行整合，然后自动深度分析。所有的资料以及影像都会被输入人工智能算法中，经过最为精密的计算，最后确定打击目标。

二是迅速组织袭击。一旦确定目标，人工智能根据掌握的数据，对数千个目标排队、计算出需要的轰炸当量，并将任务分配给战机或无人机。接下来，人工智能发布指令，大量无人机升空执行攻击任务。其间，无人机还会根据目标运动变化，自动调整飞翔动作，确定最优打击方式，确保准确性、效率和安全性。

案例2③：2016年，微软在推特（Twitter）上推出了人工智能聊天机器人Tay，它可以通过和网友们对话来学习怎样交谈。结果在运行不到24小时内，Tay就因网民用粗话、脏话对它进行训练，迅速变成一

---

① 《物理学不存在了?!》，2024年2月21日，发布于微信公众号"九万里"，https：//mp. weixin. qq. com/s/beHkf17oenFVX3tQ4C3PxA。

② 财经要参：《突发！以色列玩大了！》[EB/OL]，(2023.11) [2023.11]。

③ 《迄今最智能的通用AI，能做什么，不擅长做什么》[EB/OL]，澎湃新闻，2023年2月10日，https：//finance. sina. com. cn/jjxw/2023 – 02 – 10/doc – imyffmtk613 0933. shtml。

个满嘴脏话、充满歧视和偏见的人工智能，微软不得不把它下线。这就是"数据投毒"，是在人工智能训练数据中投放恶意数据，从而干扰数据分析模型正常运行的行为。在数据获取阶段，攻击者有意识地在数据中加入伪装数据和恶意样本，破坏数据的完整性，进而导致模型决策出现偏差①。

案例3②：2023年5月，内蒙古自治区包头市公安局刑事侦查大队公布了一起运用人工智能技术实施的新型电信诈骗案件。诈骗分子通过使用他人真实姓名及照片，冒充他人身份添加被害人微信，再利用"AI换脸"技术和被害人进行短暂视频通话，博取被害人信任后实施诈骗，被害人在10分钟内被骗走430万元。

除了换脸诈骗之外，还有利用AI进行声音合成实施的诈骗③。骗子会通过骚扰电话录音等手段，提取出一个人的声音，然后将其合成，让人无法分辨真伪。

比起普通以口头诈骗为主的电信诈骗，AI技术可以综合运用语音、视频等手段，模仿真人面容、声音，冒充亲友、熟人、领导等，很容易达到以假乱真的程度，具有极强的迷惑性。耳听且为虚，眼见也不实，令人防不胜防。此外，AI可以根据大数据和对个人信息分析生成高度定制化的诈骗信息，精准投放给筛选出的对象，有针对性地锁定诈骗对象实施诈骗。AI技术的广泛使用，也使AI诈骗呈现规模化的趋势，AI可以同时对大量用户进行诈骗，危害范围更广。

案例4④：英国国家网络安全中心在2023年3月14日发布的研究报告《ChatGPT和大语言模型：危险在哪里？》中指出，OpenAI和微软等公

① 钱立富、郝俊慧：《5G＋AI：新基建之"首"与"脑"》[N]，《IT时报》，2020年7月17日，第4版。

② 《热搜第一！AI换脸诈骗频发 有人10分钟被骗走430万》，海报新闻，2023年5月24日，https：//www. hubpd. com/hubpd/rss/cmmobile/index. html？contentId＝864691128457339717。

③ 腾讯安全朱雀实验室：《AI安全技术与实战》[M]，北京：电子工业出版社，2022.10。

④ 钟力：《论坛·人工智能安全 | 生成式人工智能带来的数据安全挑战及应对》[J]，《中国信息安全》，2023年第7期，第83—85页。

司能够读取用户在人工智能聊天机器人中输入的查询内容。三星电子在引入 ChtaGPT 不到 20 天就发生企业机密泄露事件。而且，用户在使用大型语言模型（LLM）时，出现了输入企业商业秘密和内部数据、个人信息、软件代码和敏感图片等情况，导致敏感数据和个人隐私泄露。这对生成式人工智能平台用户而言，其首先面临的就是数据安全问题。

案例5①：2023 年 5 月 16 日，美国中央情报局（Central Intelligence Agency，简称 CIA）使用了名为"与 CIA 安全联络"的账户在 Telegram（一款跨平台的即时通讯软件）发布了一段长达 2 分钟的俄语旁白视频，展示了几个虚构的人物形象和他们的生活瞬间：雪地中的身影、走进政府大楼、在摆满文件的桌前工作的男子、沉思中的女性、望着孩子照片的父亲等。视频中，这些人似乎在考虑作出重大决定。最后，一名女子在车里用手机通过匿名通信系统联系美国中央情报局。随着 Sora 等相关工具的横空出世，给国家造成的安全风险不容忽视。

人工智能作为新一轮科技革命和产业变革的重要驱动力量，被广泛应用于医疗、金融、交通等领域，带来了巨大的经济效益与社会效益。但其训练和运行高度依赖于数据，如果数据来源不安全或者数据被篡改，会导致其决策出现偏差。人工智能系统的决策和行为往往需要人类的参与和监督，如果人类的操作不当或者监督不足，可能导致其出现误判或失控的情况。

同时，人工智能的发展也带来了一些法律和伦理问题，如隐私保护、责任归属等。这些问题与个人信息安全密切相关，因此可以强调在人工智能应用中需要遵守相关法律法规，并关注伦理问题，以确保个人信息安全。

第五节　个人信息安全风险

数字化时代使得个人信息的获取、处理和利用变得更为便捷。在数

---

① 周弋博：《CIA 发视频招募俄罗斯人刺探情报，还引用俄文豪诗句……》，观察者网，2023 年 5 月 17 日，https：//baijiahao. baidu. com/s？ id = 1766130095165624025。

字化时代，人们通过各种数字设备和互联网应用来生成、传播和利用个人信息，如社交媒体、在线购物、医疗健康应用等。这些数字设备和互联网应用需要获取个人信息才能提供更好的服务，但同时也带来个人信息泄露和滥用的风险。随着数字经济的发展，个人信息成为企业进行精准营销、产品研发、用户画像分析等的重要依据。个人信息的合理利用可以促进数字经济的发展，但同时也需要在合法、合规的前提下进行，防止个人信息被滥用或侵犯。本节将从个人信息安全的基本概念、风险类别及相关典型案例进行介绍。

一、个人信息安全基本概念

个人信息安全是指依法确保公民的个人信息不被泄露、不被滥用、不被非法获取和不被破坏。个人信息安全关乎个人的隐私、财产、名誉等方面，一旦受到侵犯，会对个人权益造成严重损害。个人信息的范围很广，包括但不限于姓名、身份证号码、电话号码、家庭住址、邮箱地址、职业信息、金融信息等。这些信息可能被用于诈骗、诽谤、侵犯个人隐私等不法活动，也可能被用于商业目的，如推销广告等。

二、个人信息安全风险类别

（一）非法获取风险

不法分子通过非法手段，如黑客攻击、恶意软件感染、网络钓鱼等方式获取个人敏感信息。收集他人的个人信息，侵犯个人隐私和合法权益。

（二）意外泄露风险

个人信息泄露可能会给个人带来经济和精神损失，甚至可能涉及生命安全。如医疗信息泄露可能导致患者隐私被侵犯，金融信息泄露可能导致个人财产遭受损失。

（三）社交网络风险

社交媒体平台成为个人信息泄露的重要渠道之一。在社交媒体上，人们会分享大量的个人信息，这些信息一旦被不法分子获取，可能会被用于网络诈骗或身份盗窃。

（四）违规滥用风险

一些机构或个人为了谋取私利，滥用个人信息，如向第三方出售个人信息或利用个人信息进行非法活动。

（五）跨境传输风险

随着全球化的发展，个人信息跨境传输变得越来越普遍。然而，不同国家和地区的法律法规和隐私保护标准存在差异，可能导致个人信息在跨境传输过程中面临安全风险。

三、个人信息领域典型案例

案例1①：2023年1月，在云南怒江，公安机关破获一起网上赌博案件，涉嫌洗钱，大批支付宝账户持有人在不知情的情况下被集中登记。调查发现，在昆明、曲靖，有两家企业以"免费"为掩护，以宣传"医保电子卡"为名义，骗取医疗保险机构的批准，再转给"地推"。然后，该犯罪集团又诱使农村居民登记医保卡，之后骗取其手机号码，验证码以及身份证号等信息。之后，利用该个人资料进行大量的网络账号注册，最后将其贩卖给电信诈骗、网络赌博、网络水军等犯罪组织，从事更多的犯罪活动。

案例2②：2023年1月，安徽宣城公安机关接获举报，反映有市民在一家网络借贷平台提交车辆贷款申请时提供的个人信息疑似遭到泄露。经调查发现，被举报的贷款申请平台实际上并不直接从事贷款发放业务，而是一家打着正规借贷公司旗号、实为"中介助贷"性质的企业。公司利用搜索引擎和短视频平台的宣传等手段，引诱潜在的借贷者填写个人信息。而在未经用户明确授权的情况下，该平台擅自将收集到的大量个人信息交由代理机构出售给其他贷款公司，从中牟取暴利，涉案金额累

---

① 《公安部公布打击侵犯公民个人信息犯罪十大典型案例》，潍坊市公安局，2023年8月11日，http：//gaj. weifang. gov. cn/gadt/gayw/202308/t20230811_6234059. html。

② 《公安部公布打击侵犯公民个人信息犯罪十大典型案例》，潍坊市公安局，2023年8月11日，http：//gaj. weifang. gov. cn/gadt/gayw/202308/t20230811_6234059. html。

计达到 1600 余万元人民币。

案例 3[①]：2023 年 2 月，福建厦门公安局接到一起举报，说一家公司的电脑遭到了黑客的攻击，导致很多人的个人资料被泄露。事件的起因是，马某发现其"跟单宝"中包含的交易资料有重大的经济效益，便安排和指示杨某、陈某等人采用技术方法，非法窃取了大批用户的个人资料。之后，又将被盗的个人资料转手卖给王某、刘某等。买主使用这些精确的用户资料，以推销电话、邮寄商品等形式，向受害者团体开展有针对性的市场销售，涉案金额总计超过 200 万元。

案例 4[②]：2023 年 3 月，上海闵行区公安机关查明，犯罪嫌疑人非法获取了大量的网购交易记录及物流相关信息。原因是彭某等人在境外发现存在购买物流信息的市场需求，于是他们主动与相关买家建立联系，并取得木马程序工具。随后，这些人通过应聘进入快递公司工作，利用职务之便，在公司内部计算机系统植入木马病毒，以此手段非法获取大量快递数据，并进一步实施电信诈骗。

案例 5[③]：2023 年 5 月，浙江宁波公安机关发现，诈骗团伙非法获取了大量的个人信息。其背后缘由在于李某等人创立了一个网络传媒实体，他们与平台上的"网红"合作，在直播带货区域设置低价销售所谓的"网红教学资源"，以此为诱饵，诱导消费者购买商品并透露个人隐私信息，最终将这些信息转手提供给下游的诈骗集团。该诈骗集团巧妙利用了受害群体急于成为知名网络红人的心态，精心策划了精准营销策略，推出声称能帮助直播间快速提升粉丝数量的培训课程，并以此承诺吸引受害者支付高额的培训费用，涉案金额达 560 余万元。

数字化时代与个人信息的关系密切，个人信息的获取、处理和利用，在数字化时代变得更加便捷，但同时也带来了新的安全风险和挑战，造

---

① 刘丹、廖泽婧：《公安部公布打击侵犯公民个人信息犯罪十大典型案例》[N]，《人民公安报》，2023 年 8 月 11 日，第 2 版。

② 刘丹、廖泽婧：《公安部公布打击侵犯公民个人信息犯罪十大典型案例》[N]，《人民公安报》，2023 年 8 月 11 日，第 2 版。

③ 刘丹、廖泽婧：《公安部公布打击侵犯公民个人信息犯罪十大典型案例》[N]，《人民公安报》，2023 年 8 月 11 日，第 2 版。

成个人信息安全风险的原因主要包括网络攻击和黑客行为、技术缺陷和漏洞、内部疏忽和管理不善等，数字化时代对个人信息保护提出了更高的要求。随着个人信息的重要性日益凸显，个人信息的保护也成了重要的议题。为了保障个人信息的合法权益和数字经济的健康发展，需要建立完善的信息安全保护机制和法律法规，加强个人信息保护和监管。

本章小结

数字化安全风险是新时代的挑战，在数字化快速发展的背景下，国家安全风险呈现出新的变化，涉及多种安全新风险以及网络安全风险、数据安全风险、人工智能安全风险、个人信息安全风险。这些风险一旦发生，可能导致网络中断、关键信息基础设施瘫痪、个人信息及数据泄露和篡改等严重后果。数字化安全风险在新技术广泛应用和数据流动加速的背景下愈发凸显，这些风险不仅包括技术风险，还包括组织、人员、流程和策略等方面。在数字化带来的各种变革、再造、重组等变化，我们对于数字化带来的安全风险，应遵守相关的法律法规和标准要求，关注合规性和法律要求的变化和发展，以确保数字化安全的合规性和合法性，最终才能确保国家在数字化时代的长治久安。

第四章　数字化安全治理

在数字时代，随着数字技术的广泛应用和深入发展，数字安全和数字技术已成为支撑数字中国建设的两大核心能力。数字技术正在加速赋能千行百业，为各行业带来巨大的机遇和变革。然而，随着数字化程度的提高，更具数字时代特征的数字安全风险也随之而来。因此，数字化安全治理成为各行业各领域数字化转型的关键。本章将从国家安全治理、组织安全治理、个人信息保护、安全治理实践等方面，系统阐述数字化安全治理体系。

第一节 国家安全治理

从全球范围来看，数字安全领域的法律与政策推动，与国际组织、多边和双边协定等密切相关，世界各国都在不断优化数据安全政策。在讨论数字安全法律法规时，不应孤立地看待和评价其法律政策的本土化特征，而应置其于全球背景下进行比较，并观察同一时期主要国家、地区法律政策的动向，才能从整体和全球的高度得出数字经济发展与安全的总体、局部水平和进展情况。

一、全球主要经济体数字安全立法

（一）美国

美国在联邦和州层面的数字安全法律具有相当长的延续历程。2010年之后相关领域的主要进展包括：为落地 2014 年《网络安全促进法》和行政令，美国国家标准与技术研究所（NIST）制定并发布了《提升关键基础设施网络安全框架》。该框架为各国在保障关键信息基础设施安全方面提供了重要的参考和指引，进一步推动全球网络安全标准统一和网络安全治理体系完善。

2015 年美国延续了《国土安全法》《爱国者法案》《联邦信息安全管理法》《外国情报监控法案》等确定的立法思维，通过了《网络安全信息共享法（CISA）》等一系列法案，推动了联邦层面的网络和数字安全。

2018 年 3 月，美国国会审议通过《澄清合法使用境外数据法案》，该法案突破了基于传统多边或双边司法互助协定的执法数据跨境访问模式，部分重塑了数据跨境提供和披露的内外规则，在美国立法史上具有里程碑式的意义。同时，对各国的跨境数据调取法律政策制定产生了重大影响，为全球数据跨境执法提供了新的合作模式。

在个人信息保护领域，2018 年 6 月，加利福尼亚州通过的《消费者隐私法案》（CCPA），成为美国隐私与个人信息保护领域的州立法典范，也是与欧盟《通用数据保护条例》相当的一部重要法律。这一领域立法还包括弗吉尼亚州、科罗拉多州。与前述趋势不同，2021 年 7 月，美国统一法律委员会投票通过了《统一个人数据保护法》（UPDPA），这是一项旨在统一各州隐私立法的示范（不具有强制性，需要由州立法机构引入和转化为州法）法案，该法案为隐私与个人信息监管提供了一个替代方案。这也体现出个人信息与隐私法律保护问题的复杂性与持续性。

2019 年，美国参议员提议制定《国家安全和个人数据保护法案2019》（NSPDPA），以保护美国国家安全的名义阻止美国数据流入中国及相关国家。该法案主要针对"科技企业"，对"特别关注国家"的数据跨境传输和存储行为进行限制，其核心目的是通过实施数据安全要求，加强对外国投资审查，从而防止外国政府对美国国家安全造成侵害。

2020 年，美国正式批准《安全可信通信网络法案》，禁止联邦资金用于采购部分公司生产的设备，还制订了一项 10 亿美元的补偿计划，名为"安全可信通信网络补偿计划"，以帮助规模较小的提供商，抵补丢弃并更换华为和中兴设备所产生的费用。

2022 年 5 月，美国众议院通过了《促进数字隐私技术法案》，旨在推动隐私增强技术研究和促进负责任数据使用。该法案明确由美国国家科学基金会开展对隐私增强技术的竞争性基础研究。10 月，美国国防部发布《2022 年美国国防战略》，提出通过运用网络威慑手段、开展进攻性网络空间行动和提高网络空间能力等方式，应对竞争挑战并获取军事优势[1]。

2023 年 3 月，美国政府发布了《国家网络安全战略》[2]。8 月 NIST 发布了 NIST 网络安全框架"2.0NIST"（CSWP29）的初始公开草案，新的网络安全框架将取代当前 2014 年版的法规框架。

（二）欧盟

欧盟 2018 年生效的《通用数据保护条例》（GDPR）[3]，是各国最为

---

① 孔勇：《2022 年度美国网络安全政策回顾与简析》［J］，《中国信息安全》，2023 年第 1 期，第 73—77 页。
② 傅波：《美发布网络安全战略实施计划》［N］，《中国国防报》，2023 年 7 月24 日，第 4 版。
③ 冯梦琦：《〈通用数据保护条例〉》内容及实践浅析》［J］，《法制与社会》，2019 年第 12 期，第 35—36 页。

关注的个人信息保护领域的法律，GDPR 详细的个人数据（信息）主体权利（特别是其创设的可携带权、被遗忘权等）和个人数据控制者义务规定，均为各国在个人信息保护领域立法所参考和讨论，并对很多国家和地区的法律进程产生了深远影响。GDPR 与 2018 年 11 月颁布的《非个人数据自由流动条例》共同形成了欧盟单一数字市场和协调数据治理的统一框架基础。

2020 年 12 月欧盟再次推出《数字服务法》与《数字市场法》，2022 年 1 月欧洲议会率先通过《数字服务法》，为对数字平台的经营活动监管提供法律工具。《数字市场法》则面向定义为"守门人"的互联网平台企业，旨在进一步推动数字市场的开放与公平。整体上，欧盟法律中突出了对个人数据主体和市场公平竞争秩序的保护，对违法主体可处以高额的罚款。

在欧盟 GDPR 监管实践中，欧盟数据保护委员会（EDPB）等监管主体对内发布了大量的指导文件，持续细化和澄清个人数据主体相关权利的内容，对外则通过"充分性认定"等方式，实现个人数据在欧盟和经充分性认定的国家（如已与日本、韩国等达成协定）之间自由流动。

（三）英国

2020 年，英国议会通过《电信（安全）法案》，明确赋予政府前所未有的新权力，以提高英国电信网络的安全标准，并消除高风险供应商的威胁。

在宣布完成"脱欧"后，英国在数字化领域进行了法律重塑的部分工作。2022 年公布的《数据改革法案》宣称，对英国现有的《通用数据保护条例》和《数据保护法案》①进行必要改革，形成英国版的数据保护框架。

2021 年 9 月，英国政府发布《国家人工智能战略》，强调人工智能规范发展并推动 AI 教育及人才培养，呼吁建立国家层面的人工智能准则与伦理框架。

---

① 徐德顺：《英国数据保护和数字信息法案及其启示》[J]，《中国商界》，2023 年第 5 期，第 12—13 页。

2022 年 5 月，英国国防部发布《国防网络弹性战略》，明确提出到 2026 年、2030 年的阶段性核心目标，确立了七大优先事项战略重点及其具体实现的途径和指导原则。

（四）日本

2014 年 11 月，日本国会批准了《网络安全基本法》，首次从法律上定义了网络安全，设立网络安全战略总部，该总部负责制定网络安全战略并保障其实施。《个人信息保护法》于 2003 年 7 月制定，2005 年 4 月 1 日正式实施。2020 年多次修改后的修正案于 2022 年 4 月 1 日起正式实施。修正案回应了近年来全球范围内个人信息保护与冲突的个案和争议，在适用范围、作为独立监管机构的个人信息保护委员会（PPC）的职责和数据跨境规则等方面都进行了扩展。总的观察认为，日本对个人信息的法律保护极为重视，在个人信息跨境流动方面与欧盟立场相近。

其他方面，日本还通过出台和修订诸如《电信事业法》《防止不正当竞争法》《禁止未经授权的计算机访问法》等法律对电信运营商义务、数据交易、打击网络犯罪进行明确，也可视为在网络安全基本法框架下的典型细分做法。

（五）俄罗斯

从《国家信息安全学说》开始，俄罗斯开始逐步构建起网络安全防护法律体系，《俄罗斯联邦通讯法》《俄罗斯联邦关于信息信息技术和信息保护法（修正案）》（两者合称《主权互联网法》）等，被公认是俄罗斯在网络安全法体系方面的基本框架。

2018 年 1 月开始施行的《俄罗斯联邦关键信息基础设施安全法》，是近年来俄罗斯在网络与数字领域最为重要的关键性法律，旨在建立并调整俄罗斯联邦关键信息基础设施安全保障领域的法律关系。2019 年，《主权互联网法》颁布生效，两部法律共同支持了包括与国际互联网络"断网"测试演习、禁止关键信息基础设施使用外国软件（以总统令形式确立）等在内的一系列重大网络活动。整体上，俄罗斯的网络与数字安全法律政策具有独立性特点。

二、国内数字安全立法

总体来看，我国网络和数据安全政策法规体系不断健全、顶层设计不断完善、工作格局不断优化、关键信息基础设施安全保护体系和能力显著提高，数据安全治理和个人信息保护能力持续增强，新技术新应用风险防范能力显著，网络安全教育、技术、产业融合发展稳步推进，全民网络安全意识和防护技能有效加强，广大人民群众在网络空间的获得感、幸福感、安全感不断提升。

（一）国家层面立法

目前，我国网络和数据安全政策法规体系已基本形成。2016 年 11 月 7 日，第十二届全国人民代表大会第二十四次会议通过《中华人民共和国网络安全法》（以下简称《网络安全法》），并于 2017 年 6 月 1 日起施行，是我国第一部全面规范网络空间安全管理方面问题的基础性、框架性、综合性法律，是我国网络空间法治建设的重要里程碑，是让互联网在法治轨道上健康运行的重要保障。

2019 年 10 月 26 日，第十三届全国人民代表大会常务委员会第十四次会议通过《中华人民共和国密码法》（以下简称《密码法》），并于 2020 年 1 月 1 日正式实施，作为我国密码领域的第一部法律，《密码法》对我国的商用密码管理制度进行了结构性重塑，标志着我国密码管理进入了全新的法治化阶段。

2020 年 4 月 13 日，《网络安全审查办法》公布。2021 年 11 月 16 日，国家互联网信息办公室审议通过新修订的《网络安全审查办法》，并于 2022 年 2 月 15 日起施行，是为了进一步保障网络安全和数据安全，维护国家安全而制定的部门规章。

2021 年 4 月 27 日，国务院常务会议通过了《关键信息基础设施安全保护条例》。该条例由国务院总理签署，并以国务院令第 745 号公布，于 2021 年 9 月 1 日起施行，是我国首部专门针对关键信息基础设施安全保护工作的行政法规。

2021 年 6 月 10 日，第十三届全国人民代表大会常务委员会第二十九次会议通过《中华人民共和国数据安全法》（以下简称《数据安全法》），并于 2021 年 9 月 1 日起施行，在我国数据领域法律体系中具有基础性和战略性意义，标志着我国在数据安全领域迈出了关键一步。《数据安全法》全面、系统地规定了数据安全保护的关键制度机制和核心要求，明确了相关主体的数据安全保护义务，是我国数据安全领域的基础性法律，也是国家安全领域的一部重要法律，标志着我国数据安全法律框架初步建立。

2021 年 7 月 5 日，国家互联网信息办公室审议通过《汽车数据安全管理若干规定（试行）》，经国家发展和改革委员会、工业和信息化部、公安部、交通运输部同意，并于 2021 年 10 月 1 日起施行，旨在规范汽车数据处理活动，保护个人、组织的合法权益，维护国家安全和社会公共利益，促进汽车数据合理开发利用①。

2021 年 8 月 20 日，第十三届全国人大常委会第三十次会议通过了《中华人民共和国个人信息保护法》（以下简称《个人信息保护法》），并于 2021 年 11 月 1 日起施行，旨在保护个人信息权益，规范个人信息处理活动，促进个人信息合理利用而制定的法律②。

2022 年 7 月 7 日，国家互联网信息办公室公布了《数据出境安全评估办法》，并于 2022 年 9 月 1 日起施行。旨在落实《网络安全法》《数据安全法》《个人信息保护法》的规定，规范数据出境活动，促进数据跨境安全、自由流动，为我国数据出境制度翻开了崭新的篇章。

2023 年 2 月 24 日，国家互联网信息办公室公布了《个人信息出境标准合同办法》，并于 2023 年 6 月 1 日起施行。出台该办法旨在落实《个人信息保护法》的规定，是我国个人信息跨境治理体系的重要一环，也是我国数据跨境流动治理的重要实践。

2023 年 4 月 14 日，国务院第四次常务会议修订了《商用密码管理条例》，2023 年 4 月 27 日，国务院总理签署中华人民共和国国务院第 760 号令，并于 2023 年 7 月 1 日起施行。这是此条例自 1999 年 10 月 7 日发布和施行以来，进行首次修订，也是贯彻实施 2020 年 1 月 1 日起施行的密码法的重要举措。

2023 年 5 月 23 日，国家互联网信息办公室审议通过了《生成式人

---

① 《智能网联汽车安全成焦点》[J]，《网络安全和信息化》，2021 年第 9 期，第 40—42 页。
② 《个人信息保护法的深远意义：中国与世界》[EB/OL]，中国人大网，2021 年 8 月 24 日，http://www.npc.gov.cn./npc//c2/c30834/202108/t20210824_313195.html。

工智能服务管理暂行办法》，该办法由国家发展和改革委员会、教育部、科学技术部、工业和信息化部、公安部、国家广播电视总局联合发布，并于 2023 年 8 月 15 日起施行，该办法涵盖了生成式人工智能服务的安全、数据、技术、应用、管理等多个方面，是我国首个针对生成式人工智能服务的规范性政策，旨在推动生成式人工智能健康发展和规范应用，维护国家安全和社会公共利益，保护公民、法人和其他组织的合法权益。

一系列法律法规、政策制度已基本构建起我国网络、数据、人工智能和个人信息安全政策法规体系的"四梁八柱"，数字化安全法律制度体系日趋完善。

（二）部分地方层面立法

在地方政策层面，贵州、深圳、上海、浙江等省市地区相继出台数据相关地方性法规，针对数据安全问题提出相应的条例规范，结合实际采取不同的具体措施，旨在发挥数据生产要素作用，加强数据安全保护和监督管理制度建设，探索数据开放共享与数据安全保护之间的有效平衡手段。

1. 贵州省

2019 年 8 月 1 日，贵州省第十三届人民代表大会常务委员会第十一次会议表决通过了《贵州省大数据安全保障条例》[①]，并于 2019 年 10 月 1 日起正式实施，条例就大数据发展应用和安全保障作出全面规定，是国内大数据保护领域首部省级法规。该条例明确了管理部门，规定了网信统筹协调和监管工作，公安、大数据发展局、通管局等部门承担各自职责范围内的监管职责；明确了安全责任对象，把大数据所有人、持有人、管理人、使用人及其他从事大数据工作的单位和个人纳入大数据安全责任人调整范畴，共同参与大数据安全保护工作；确立了大数据安全按照"谁所有谁负责，谁持有谁负责，谁管理谁负责，谁使用谁负责，谁采集谁负责"的安全原则。

---

① 贵州省人大常委会法制工作委员会：《〈贵州省大数据安全保障条例〉解读》[N]，《贵州日报》，2019 年 9 月 26 日，第 4 版。

2. 深圳市

2021 年 6 月 29 日，深圳市第七届人大常委会第二次会议表决通过了《深圳经济特区数据条例》，并于 2022 年 1 月 1 日起正式实施。该条例是国内数据领域首部基础性、综合性地方性法规，贯彻中共中央、国务院关于大数据战略的决策部署，落实《综合改革实施方案》有关要求，在数据法律制度构建方面先行先试，进一步落实了《数据安全法》对数据安全制度的管理规定；明确市人民政府统筹全市数据安全管理工作，建立和完善数据安全综合治理体系，市网信部门统筹协调相关主管部门和行业主管部门制定重要数据具体目录，对列入目录的数据进行重点保护。

3. 上海市

2021 年 11 月 25 日，上海市第十五届人大常委会第三十七次会议表决通过了《上海市数据条例》，作为地方综合性数据立法的"先行者"，该条例有以下六点重要意义：一是保护自然人、法人和非法人组织与数据有关的权益；二是规范数据处理活动；三是促进数据依法有序自由流动；四是保障数据安全；五是加快数据要素市场培育；六是推动数字经济更好地服务和融入新发展格局。明确数据处理者的安全保护责任，包括安全管理制度建立、技术保护机制建立、数安教育培训、技术措施采用、风险监测加强、应急措施采用、安全等级要求等。

4. 浙江省

2022 年 1 月 21 日，浙江省第十三届人民代表大会第六次会议通过了《浙江省公共数据条例》，自 2022 年 3 月 1 日起施行，同时废止《浙江省公共数据和电子政务管理办法》。该条例旨在加强公共数据管理促进公共数据应用创新，与《数据安全法》相呼应；保护自然人、法人和非法人组织合法权益，与《个人信息保护法》衔接；保障数字化改革，深化数字浙江建设，是浙江数字建设的重要抓手和目标；通过优化公共数据的管理和应用，推进省域治理体系和治理能力现代化，同时为全国公共数据管理提供了有益的借鉴。该条例坚持统筹协调、分类分级、权责统一、预防为主、防治结合的原则，确立和细化数据安全主体责任，加强公共数据全生命周期安全和合法利用管理。

第二节 组织安全治理

数据要素是组织的核心资产，组织数字化安全治理需以数据安全治理为核心。简单地说，组织开展数字化安全治理可以遵循"以数据为中心、以组织为单位、以数据全生命周期为要素"的原则开展安全治理工作①。

一、治理框架

（一）以数据为核心

随着大数据、云计算、区块链等数字技术的成熟，各类组织加速开展、大数据平台建设，实现数据的大集中，也意味着风险大集中。这就要求处理好安全环境和保护对象的辩证关系，在提供数据服务包括云服务的过程中，必须进行敏感数据分类、分级，划分安全边界并明确数据安全访问控制措施，实现"以数据为中心"的安全审计和保护才是关键。

与以系统为中心的传统网络安全建设思路不同，数据安全建设需要将防护主体定位在数据层面，这意味着相比之下有更为细粒度的安全防护要求。在传统的网络安全建设中，我们评价的目标个体自上而下分别是：一台硬件主机、主机上的操作系统、操作系统上的应用程序以及服务等。在进行安全检查时，要按照从下至上的顺序实施，首先确认应用程序、中间件以及进程服务等的安全性，然后检查操作系统整体的安全构建情况，最后从硬件层面判别物理安全，进而得出该个体是否符合网络安全基本要求的结论。

对于数据安全治理建设，即使是一个固定的应用程序、中间件或者服务进程，它所创建、读取或处理的数据也会因为数据敏感性等因素有不同级别的安全防护需求，或者说同一个体所接触或处理的不同数据也拥有不同的防护级别。因此，依旧以该应用程序、中间件或者服务进程

---

① 刘隽良、王月兵、覃锦端等编著：《数据安全实践指南》［M］，北京：机械工业出版社，2022.3。

为中心构建安全体系，虽然可在一定程度保证主体自身的安全性，但无法保证在对不同数据进行操作和使用的过程中，不存在由于设计逻辑或操作方式缺陷所导致的数据安全风险。换句话说，到了数据安全保护层面，原本作为保护个体的应用程序、中间件或者服务进程自身也可能会是数据安全的风险来源，因此需要颗粒度更小的监督手段。

无论是在数据生命周期的哪个阶段，都需要以数据为中心构建安全体系，并将数据生命周期视为一个闭环，综合考虑各种风险，确保数据在各环节都能被有效地、动态地保护和检测。

（二）以组织为单位

在数据安全治理的建设中，如果依然使用传统的网络安全建设思路，则会出现一种非常危险的现象：即使作为一个个体系统的安全责任人，在确保数据流动至责任人所负责的系统时没有安全问题，但无法保证后面其他的系统不出现安全问题。如果后续出现问题导致数据泄露，那么所泄露的不仅是被攻破系统存在的数据内容，原本经过责任人所属系统的安全数据也会被攻击者截获并利用，从而导致安全建设间接失效。

若以人体组织结构类比，就好比采用个体的、割裂式的责任分担法将人体的各个器官安排给不同的责任人保障健康，数据就是其中的血液，它并不会因为单一某个器官健康而保证人整体的状态都正常，只有保证全部器官都是健康的、没有破损的，才能确保血液的流动正常。

由此可见，数据安全治理相比于传统的网络安全建设中体现的"个人英雄主义"，它更倾向于"一荣俱荣，一损俱损"，因此传统的个人责任制并不适合数据安全治理建设的发展。在数据安全治理的建设中，需要以组织为单位，在将数据生命周期视为一个闭环的同时，也要将所有数据流经的个体系统视作单一的责任单位，确保每一个系统的安全都在统一的责任范围之内，从而防止出现短板效应。

（三）以数据全生命周期为要素

数据安全治理的建设应该是动态的、跟随数据而行的，不再是传统的"卡点"式的、被动等待的，我们需要有数据流动安全的概念，在数据生命周期的各个阶段、它所流经的每一个系统，都应有安全防护机制无缝衔接。在大数据环境下，根据数据在组织业务中的流动特点，可将数据生命周期划分为以下六个阶段。

1. 数据采集：指新的数据产生或现有数据内容发生显著改变或更新的阶段①。对于组织机构，数据采集既包括内部生成数据，也涵盖外部获取数据。

2. 数据传输：指数据从一个实体流动到另一个实体的过程。

3. 数据存储：指将非动态数据以数字格式进行存储的过程②。

4. 数据处理：指组织针对内部动态数据进行的计算、分析、可视化等系列活动的组合③。

5. 数据交换：指组织与组织及个人产生数据交互的阶段④。

6. 数据销毁：通过操作数据及其存储介质，使其彻底消失且无法恢复的过程⑤。

数据生命周期由实际的业务场景所决定，并非所有的数据都会完整地经历这六个阶段。

二、治理目标和定位

随着《数据安全法》的正式颁布，数据的安全和发展在国家安全体系中的重要地位得到了进一步明确。《数据安全法》第十三条规定："国家统筹发展和安全，坚持以数据开发利用和产业发展促进数据安全，以数据安全保障数据开发利用和产业发展。"进一步表明，数据只有在使用中创造价值，数据价值越大越需要保护。因此，可以将数字化安全治理的目标和定位归纳为"让数据使用自由而安全"，通过构筑数字安全保障底座，更好地促进数据的自由流动、运用，助力数据价值的释放，有效

---

① 李克鹏、梅婧婷、郑斌、杜跃进：《大数据安全能力成熟度模型标准研究》[J]，《信息技术与标准化》，2016 年第 7 期，第 59—61 页。

② 《信息安全技术 数据安全能力成熟度模型》[S]，GB/T37988—2019。

③ 李挺：《以数据为中心的安全治理实践》[J]，《中国信息安全》，2019 年第 12 期，第 80—81 页。

④ 李挺：《以数据为中心的安全治理实践》[J]，《中国信息安全》，2019 年第 12 期，第 80—81 页。

⑤ 《信息安全技术 数据安全能力成熟度模型》[S]，GB/T37988—2019。

推动数据开发利用与数据安全的平衡发展。

（一）数据有效保护

紧跟政府、通信、金融、能源、交通等各行各业的数字化转型进程，数据资产在各机构转型发展中的重要性不断提升，数据泄露、篡改、破坏给机构带来的影响日趋严重，各机构自身风险驱动的数据保护和治理需求愈发主动、强烈。

（二）监管依法合规

随着国家对数据安全的重视程度不断提高，相关的法律法规和标准也在不断完善。组织应加强合规意识，采取有效措施确保数据安全合规。通过深入理解法律法规标准、制订合规计划、建立组织架构、实施风险评估与管理、强化技术防护、建立监测与应急响应机制以及持续改进与优化等措施的综合应用，可以不断提升数据安全合规水平，为组织的可持续发展提供有力保障。

（三）重要、敏感数据管理

以往各行业对重要数据、敏感数据的保护是在摸索中前进，缺乏统一的标准和规范。随着数据分类、分级相关标准的发布，各行业对敏感数据的认识逐渐清晰，对重要数据、敏感数据的标准定义也得到了统一。现在，对于国家核心数据、重要数据、敏感个人信息等敏感数据的编目界定也在逐步明确，这将有助于更好地保护敏感数据，降低数据泄露的风险。

（四）数据开发利用

随着数字经济的快速发展，数据已经成为新的生产要素，对于组织的发展具有重要意义。然而，数据安全问题也随之凸显，成为数字经济可持续发展的关键因素之一。数字安全治理旨在通过体系化的建设和完善的管理机制，提升数据安全保护水平，保障数据价值的充分释放。

综上所述，以数据有效保护为目的，以安全合规为驱动，以敏感数据管理为核心，以数据开发利用为目的的数字安全治理需求愈发明确。

三、数据安全治理模型

数据安全是一个体系化且复杂的系统工程，因此须持续提升组织数据安全保护能力，提升数据安全治理水平，持续提升数据安全保障成效。

（一）微软数据安全治理框架

微软在 2010 年提出了 DGPC（Data Governance for Privacy，Confidentiality and Compliance）隐私、保密和合规性的数据治理框架[①]，将信息生命周期分为收集、更新、处理、删除、传输、存储六个阶段。

1. 人员

建立一个由组织内的个人组成的 DGPC 团队，团队中的每个人承担明确的角色和职责，同时要为团队中的人提供足够的资源。该团队可以是一个虚拟组织，团队中的成员需要完成行为原则、政策和流程的定义，安全策略的配置和数据管理的监督等工作。

2. 流程

团队组建完成后，接下来需要定义流程。首先，通过查阅组织需要满足的法律法规、标准政策、公司发展战略，充分了解组织在数据安全治理和隐私保护方面需要满足的要求。其次，制定专门用于数据隐私保护的原则和要求。最后，梳理数据流向，探查数据安全、隐私合规的风险，分析风险并采取适当的控制措施。

3. 技术

使用"风险/差距分析矩阵"表格的方式，分析特定数据流并识别存在于流程中的风险问题。该表格由三个要素组成：信息生命周期、四个技术领域以及组织的数据隐私和机密性原则。

通用控制行为需要在信息生命周期每个阶段同时满足四条隐私和保密原则，即在整个信息生命周期内遵守政策规定，减少数据滥用造成的数据机密性风险，减少数据丢失造成的数据机密性风险，记录适用的控制措施并验证其有效性。

（二）Gartner 数据安全治理框架

Gartner 构建了一个全面且层次分明的框架，该框架从治理前提、目标、策略、技术支撑、持续改进与优化五个核心维度出发，强调从上到

[①] 陈友梅、郭涛：《大数据时代下数据安全治理的研究与分析》[J]，《网络空间安全》，2023 年第 2 期，第 39—46 页。

风险/差距分析矩阵					
类别 环节	安全基础设施	身份和访问控制	信息保护	审计和报告	通用控制行为
收集					
更新					
处理					
删除					
传输					
存储					

图4-1 风险/差距分析矩阵示例图

下的数据安全治理，为企业提供了在数据安全治理过程中的指导和建议①。

1. 平衡业务需求与风险/威胁/合规性

在进行数据安全治理前，需在经营策略、治理、合规、IT策略和风险容忍度五个方面达成平衡。

经营策略：数据安全治理如何支持经营策略，确保业务目标的达成。

治理：深度治理数据安全，包括制定政策、流程和标准。

合规：遵守相关法规和标准，确保合规性。

IT策略：与整体IT策略同步，确保技术与业务需求的结合。

风险容忍度：根据风险承受能力制定安全策略。

2. 确定数据优先级

在庞大的数据资产中，应优先治理重要数据。通过梳理数据资产，明确数据类型、属性等，绘制"数据地图"，进而进行分级分类。这为后续治理技术的实施提供策略支撑。

3. 制定策略

考虑数据的访问关系和安全策略。基于数据资产梳理的结果，明确访问者、访问对象和访问行为，有针对性地制定安全策略，确保在满足业务需求的同时保障数据安全。

---

① 陈友梅、郭涛：《大数据时代下数据安全治理的研究与分析》[J]，《网络空间安全》，2023年第2期，第39—46页。

4. 实施安全工具

采用多种安全工具支撑安全策略的实施，如加密、以数据为中心的审计和保护、数据防泄露和身份识别与访问管理。这些工具确保数据在不同场景下的安全性和合规性。

加密（Crypto）：包括数据库中结构化数据加密、数据存储加密、传输加密、应用端加密密钥管理、密文访问权控等。

以数据为中心的审计和保护（DCAP）：集中管理数据安全策略，统一控制结构化、半结构化和非结构化数据库或数据集合。通过合规、报告和取证分析审计日志记录的异常行为，利用访问控制、脱敏、加密、令牌化等技术划分应用用户和管理员职责。

数据防泄露（DLP）：提供敏感数据的可见性，保护端点、网络和文件共享中的数据。组织可实时保护从端点或电子邮件中提取的数据。DCAP 和 DLP 的区别在于，DCAP 侧重于组织内用户访问的数据，而 DLP 侧重于离开组织的数据。

身份识别与访问管理（LAM）：全面建立和维护数字身份，提供有效、安全的 IT 资源访问业务流程和管理手段，实现组织信息资产统一的身份认证、授权和身份数据集中管理与审计。

5. 策略配置同步

对于 DCAP 等工具的实施，确保安全策略的配置同步是关键。这包括访问控制、脱敏、加密等策略的同步下发，策略执行对象包括关系型数据库、大数据类型、文档文件、云端数据等数据类型，确保所有数据类型都得到统一的安全管理①。

区别于以往的任何一种安全解决方案，数据安全治理是涵盖了技术、管理、制度等多方面的综合性工程。在这一治理框架中，组织决策、制度、评估和核查等因素成为主导，这也意味着，要想确保数据安全，组织必须从战略层面出发，全面审视自身的数据安全状况，并以制度为保障，技术为手段，实现数据安全的可持续治理。

① 王昵：《政务大数据安全治理研究——对某安全生产部门数据安全治理的设计》[J]，《标准科学》，2019 年第 1 期，第 54—62 页。

(三) 数据安全能力成熟度模型

数据安全能力成熟度模型（Data Security Maturity Mode，DSMM），定义了一套数据安全建设中的系统化框架，是围绕数据的生命周期，并结合业务的需求以及监管法规的要求，持续不断地提升组织整体的数据安全能力，从而形成以数据为核心的安全框架（见图4-2）。数据安全能力成熟度模型借鉴了成熟度模型（CMM）的思想，明确组织机构在各数据安全领域应用具备的能力。

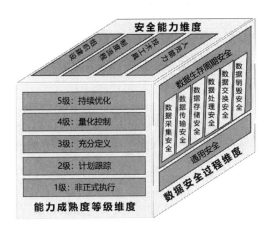

图4-2 DSMM 架构图

（图片来源：信息安全技术数据安全能力成熟度模型）

数据安全能力成熟度模型的模型架构由以下三方面构成。

1. 数据生命周期安全

围绕数据生命周期，提炼出大数据环境下，以数据为中心，针对数据生命周期各阶段建立的相关数据安全过程域体系。在此基础上，DSMM将上述生命周期的6个阶段进行了进一步细分，划分出30个过程域（Process Area，PA）①，各过程域所包含的 PA 如图所示。这30个过程域分别分布在这6个阶段中，部分过程域贯穿于整个数据生命周期。

---

① 《信息安全技术 数据安全能力成熟度模型》[S]，GB/T37988—2019。

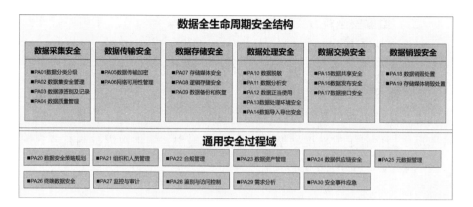

图 4 - 3 数据安全 PA 体系

(图片来源:信息安全技术数据安全能力成熟度模型)

2. 安全能力维度

明确组织机构在各数据安全领域所需要具备的能力维度,明确组织建设、制度流程、技术工具和人员能力四个关键能力的维度[①]。

组织建设:构建数据安全的组织基石。本项包括设立数据安全组织机构,明确职责分配,建立沟通协作机制。

制度流程:确保数据安全的长效机制。本项包括组织内部数据安全领域的制度和流程的制定和执行。

技术工具:提升数据安全防护能力的关键。组织通过技术手段和产品工具落实安全要求或自动化实现安全工作。

人员能力:打造高素质的数据安全团队。组织应重视数据安全人员的能力培养,不断提升执行数据安全工作人员的安全意识及相关专业能力。

3. 能力成熟度等级

基于统一的分级标准,细化组织机构在各数据安全过程中的五个级别的能力。DSMM 等级划分与核心特点如下。

(1)非正式执行:不遵循正式程序,依赖个人经验、习惯和临场判断来执行,具有随机性、无序性和被动性,很难复制和推广。

---

① 《信息安全技术 数据安全能力成熟度模型》[S],GB/T37988—2019。

（2）计划跟踪：在业务系统级别主动实现了安全过程的计划与执行，但没有形成体系化，可验证过程执行与计划一致，跟踪、控制执行的进展。

（3）充分定义：在组织级别实现了安全过程的规范执行，标准过程进行制度化，过程可重复执行，执行结果可核查。

（4）量化控制：建立了量化目标，安全过程可度量。

（5）持续优化：根据组织的整体目标，不断改进和优化组织能力与安全过程有效性。

根据业界最佳实践，同时考虑数据安全保障工程的投入以及业务数据可用性和保密性的平衡，建议数据安全能力成熟度最佳合理区间是3—4级。

4. 数据管理能力成熟度评估模型

数据管理能力成熟度评估模型（DCMM）是我国在数据管理领域首个正式发布的国家标准，标志着我国数据管理领域的发展迈出了新的步伐。旨在帮助组织建立和评价自身数据管理能力，为组织提供一个可量化的、可参考的评价标准。DCMM 的核心理念是持续完善数据管理组织、程序和制度，充分发挥数据价值，推动组织数字化发展。

通过 DCMM 的评估，组织可以更好地了解自身在数据管理方面的实际情况和发展水平，明确数据管理的发展目标和方向。此外，DCMM 评估还可以为组织提供数据管理能力提升的策略和方法，帮助组织加强自身的数据管理能力，提高数据质量、安全性和可靠性，从而更好地支撑组织的业务发展和管理决策。

在评估过程中，DCMM 提供了包括组织、制度、流程和工具在内的全方位评估框架，涵盖了数据战略、数据治理、数据架构、数据应用、数据安全、数据质量、数据标准和数据生存周期 8 个核心能力域及 28 个能力项[1]。通过定性和定量两种评估方法，DCMM 对组织的数据管理能力进行全面评估，并为组织提供改进建议和优化方案，帮助组织不断优化和完善自身的数据管理能力。

---

① 《信息安全技术 数据管理能力成熟度评估模型》［S］，GB/T36073 – 2018。

DCMM 将数据管理能力成熟度划分为 5 个等级，自低向高依次为初始级、受管理级、稳健级、量化管理级和优化级，不同等级代表组织数据管理和应用的成熟度水平不同。

1. 初始级：在这一阶段，组织尚未形成统一的数据管理意识和流程。数据管理主要依赖于个别项目或部门的自发行为，缺乏系统性和规范性。数据的收集、存储和使用往往呈现出混乱和碎片化的状态。

2. 受管理级：在这一阶段，组织开始认识到数据的重要性，并逐步建立起基本的数据管理制度和流程。开始设立专门的数据管理岗位，对数据进行初步的分类、整合和保护。但整体而言，数据管理仍显得较为初级和被动。

3. 稳健级：到达这一阶段的组织已经将数据视为重要的战略资产。它们在组织层面制定了全面的数据管理策略和标准，形成了统一、高效的数据管理流程。数据的采集、存储、分析和应用都得到了有效的管理和控制，为组织的决策和运营提供了有力支持。

4. 量化管理级：在这一阶段，组织不仅注重数据的规范性管理，还强调数据管理的量化分析和监控。通过运用先进的数据分析工具和技术，组织能够精准地评估数据管理的效率和质量，及时发现和解决潜在问题，进一步提升数据管理的效能。

5. 优化级：这是数据管理的最高境界。在这一阶段，组织已经实现了数据管理的全面优化和创新。它们不仅能够实时调整和优化数据管理流程和策略，还能够在行业内分享最佳实践，引领行业的发展方向。这一阶段的组织，其数据管理已经成为其核心竞争力的重要组成部分，为其在激烈的市场竞争中脱颖而出提供了有力保障。

DCMM 数据管理能力成熟度评估模型的主要适用对象包括数据拥有方和数据解决方案提供方。

对于数据拥有方，尤其是那些拥有大量数据的机构，如金融与保险机构、互联网企业、电信运营商、工业企业、数据中心所属主体、高校和政务数据中心等，DCMM 为他们提供了一个评估自身数据管理能力成熟度的框架。通过这种评估，这些机构可以明确自身数据管理现状，识别改进领域，并制定相应的改进措施，提升数据管理的效果和效率。

对于数据解决方案提供方，如数据开发/运营商、信息系统建设和服务提供商、信息技术服务提供商等，DCMM 也具有重要的参考价值。通过了解和评估客户的数据管理能力成熟度，这些解决方案提供方可以更好地理解客户需求，提供更符合实际需求的数据解决方案和管理服务，进一步提升客户的数据管理效果和业务价值。

此外，除了上述的数据拥有方和数据解决方案提供方外，DCMM 还可以应用于其他与数据管理相关的组织和机构，如数据管理咨询机构、数据管理培训与服务机构等。通过使用 DCMM，这些组织和机构可以更好地为客户提供更有针对性的服务和解决方案。

DCMM 数据管理能力成熟度评估模型的价值主要体现如下。

1. 提升组织的数据管理能力。DCMM 评估模型帮助组织全面了解其在数据管理方面的能力和水平，明确数据管理的发展目标和方向，并提供数据管理能力提升的策略和方法，从而加强组织的数据管理能力，提高数据质量、安全性和可靠性。

2. 促进组织的信息化、数字化、智能化发展。DCMM 评估模型为组织提供数据管理方面的全方位评估框架，涵盖多个维度，包括数据战略、数据治理、数据开发、数据安全、数据质量管理、数据标准管理、数据绩效和价值等。通过全面评估和优化，DCMM 可以帮助组织更好地支撑业务发展和管理决策，从而促进组织的信息化、数字化、智能化发展。

3. 增强组织的外部信任和提升项目建设质量。通过 DCMM 评估，组织可以证明自身数据管理能力，增强外部信任，提升项目建设质量。这对于组织拓展业务、提升品牌形象和信誉具有重要意义。

4. 规范和标准化组织或单位的数据管理。DCMM 评估模型不仅提供了全面的评估框架，还为组织提供了数据管理的规范和标准。通过遵循这些规范和标准，组织可以建立完善的数据管理体系，明确职能划分、工具技术，建立管理体系，从而确保数据管理的标准化和规范化。

5. 提供持续改进的依据。DCMM 评估模型准确把握当前数据资产管理现状，找准关键问题和差距，确定发展方向。这为组织提供了持续改进的依据，帮助组织不断优化和完善自身的数据管理能力。

四、治理路径和要点

数字化安全治理是一项体系化工程，需要以数据为中心，结合业务场景和风险分析情况，构建可持续运转的闭环数字安全防护体系，实现组织数字安全治理能力建设。本节从实践角度出发，探讨数字安全治理规划、建设、运营、评估等方面的实践路径①。

（一）治理路径

1. 治理规划

（1）现状梳理

数字化安全治理的主要目标是确保数据的安全和完整，同时促进数据的合理开发和利用。这一目标需要在合规保障和风险管理的前提下实现，以平衡数据的安全与发展需求。

通过以下措施，组织可以更好地理解外部合规要求、识别和应对风险，同时吸收和采纳行业最佳实践，为制定全面的数字化安全治理策略提供有力的支撑。

一是外部合规。对业务适用的外部法律法规、监管要求进行梳理，将重要条款与现有情况进行对比，分析其差距，确定合规需求。二是现状风险分析。结合业务场景，基于数据全生命周期安全防护要求，梳理并形成本机构风险问题清单，明确内外部风险形成原因，提炼数据安全建设需求点。三是行业最佳实践对比。将本组织数字安全能力现状与国内外或行业先进实践进行横向对比，明确差距所在，找到突出问题。在实际操作中，还需要根据组织的特点和需求进行调整和完善，以确保策略的有效性和适应性。

（2）方案规划

根据现状梳理的结果，着手规划适用于本机构的数字化安全治理体系，防范数字基础设施安全、数据资源体系安全等风险，保障网络安全和数据安全。一是组织机构建设。成立专门的数字化安全治理团队，从

---

① 中国信通研究院：《数据安全治理实践指南（1.0）》［EB/OL］，（2021.7）［2023.7］。

领导层至执行层，建立清晰的管理组织架构，确保整个组织在数字安全管理上的一致性和协调性，避免不同部门之间的矛盾或重复工作。二是制度流程建设。确保制定的制度和流程符合国家法律法规和相关标准的要求，并根据自身的业务特点、流程和技术架构，编制相关的管理文件和规范性文件，指导数字安全相关制度体系的总体建设。三是技术体系建设。结合现有技术工具以及实际业务场景，通过围绕数据全生命周期建立完整的安全技术体系，实现各项数据安全制度要求的技术性落地，并根据业务发展和安全威胁的变化，持续优化技术体系，确保其始终与实际需求相匹配。四是人员能力建设。人员是数字安全工作开展的直接参与方，应根据人员角色、岗位职责，从安全意识培养、安全能力培训、安全能力考核三方面着手构建与发展相适应的人才培养机制。

（3）方案论证

为确保数字化安全治理规划方案的顺利实施，应从多个方面进行方案论证。一是可行性分析。根据组织现状，明确人力、物力、资金的投入与产出的效益对比，确保在业务发展与安全保障之间达到平衡。二是安全性分析。通过对方案的各项实施内容进行安全性分析，确保方案的引入不会带来额外的安全风险。三是可持续性分析。数字化安全治理是持续性过程，随着业务拓展和技术进步，规划方案在保证与组织现有体系兼容的同时，也要考虑与后续的发展相适应。这一论证过程不仅有助于减少实施过程中的风险和不确定性，还可以提高方案的针对性和有效性，为方案的顺利实施提供了有力保障。

2. 治理建设

（1）组织架构体系

明晰的组织建设是保障数字化安全治理工作顺利开展的首要条件。典型的数字安全治理组织架构，包括决策层、管理层、执行层和监督层，各组织层级分工协同，确保数据安全责任层层落实。

决策层。为保证数字安全治理工作的顺利开展及持续保持，建议数字安全治理由各业务、技术、法务等部门的直接领导共同组成"数字安全治理领导小组"，通过采取"一把手负责制"，负责对开展和实施数字安全治理的体系目标、范围、策略等进行决策。

管理层。数字安全领导小组指派中高层管理人员担任数字安全治理负责人，并组建数字安全治理管理团队。根据行业监管要求及机构业务发展需求，管理团队制定与机构整体目标紧密相连的数字安全治理策略，确保构建一套系统化、规范化的治理体系。

执行层。各业务部门中与数字安全治理活动密切相关的人员，如风控、技术、运营等专业团队，担任数字安全策略、规范和流程的核心执行者，同时接受这些策略和流程的管理。针对各类数字安全治理场景，执行团队负责依据既定策略和管理要求，在业务流程中落实并维护数字安全治理措施。

监督层。由风控、合规、审计等多部门组成数字安全治理监督小组，负责定期对管理层、执行层在数字安全制度、策略、规范等的贯彻落实和执行遵守情况进行考查与审核，确保所有层级都严格遵守数字安全治理要求，并将监督结果及时汇报给决策层。监督层的独立性是其核心要求，确保监督结果的客观性和公正性。

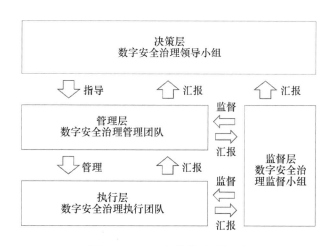

图 4-4 组织架构体系示例图

（2）制度流程体系

数字安全治理的制度流程通常基于法律法规合规性、业务数据安全需求、风险控制以及技术发展等多个方面进行梳理。经过综合考虑，确定数字安全防护的目标、管理策略，并制定具体标准、规范和程序。

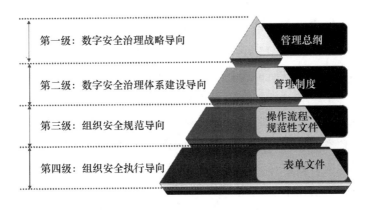

图4-5 制度流程体系示例图

数字安全治理制度体系可分为四级架构，每一级作为上一级的支撑。

第一级是管理总纲，是本机构数字安全治理的战略导向，是由决策层明确的面向本机构的数字安全管理方针、政策。

第二级是管理制度，是数字安全治理体系建设导向，是由管理层根据一级文件制定的通用管理办法、制度及标准。

第三级是操作流程和规范性文件，是组织安全规范导向，一般由管理层、执行层根据二级管理办法确定，针对各项业务和各环节，提供具体的操作指南和规范，确保安全策略的有效实施。

第四级是表单文件，是组织安全执行导向，属于辅助文件，是各项具体制度执行时产生的过程性文档，包括工作计划申请表单、审核记录、日志文件、清单列表等，用于记录和管理安全执行过程中的关键信息。

（3）技术工具体系

在数字安全治理中，技术工具体系扮演着至关重要的角色。随着技术的发展和互联网的普及，我们面临的安全威胁日益增多，如网络攻击、数据泄露等。我们需要依靠技术工具来帮助我们更好地管理和保护数字资产。首先，技术工具可以帮助监测和预防安全威胁。通过实时监测网络流量、用户行为等数据，技术工具可以及时发现异常情况并采取相应的措施，如阻止恶意访问、隔离可疑文件等。这些工具还可以通过分析历史数据来预测未来的安全威胁，从而提前采取措施进行防范。其次，技术工具可以帮助我们快速响应安全事件。一旦发生安全事件，技术工具可以快速收集相关证据、分析攻击手法和来源，并采取相应的应对措施。这些工具还可以自动化部分应急响应流程，提高响应速度和效率。最后，技术工具还可以帮助我们增强员工的数字安全意识。通过技术工具向员工提供安全培训、模拟攻击等，可以帮助员工更好地了解数字安全知识和技能，增强他们的安全意识和应对能力。技术工具在数字安全治理中发挥着不可或缺的作用。只有通过不断的技术创新和发展，我们才能更好地应对数字安全挑战，保护数字资产和隐私。

①数据识别技术

数据识别是信息安全领域的关键任务，旨在分类和管理各种数据。数据主体包括结构化和非结构化数据，涉及个人信息、网络信令和内部资料等。这些数据特性各异，识别时需考虑多因素。

敏感数据的定义是数据识别的重要环节，涉及隐私、机密和国家安全。为有效识别敏感数据，需配置匹配规则，数据与规则匹配即判定为敏感。这种方式可提高识别准确性和效率。数据识别还需考虑灵活配置，不同数据源和类型需采用不同识别方式。正则匹配用于字符串，基于列名识别适用于固定格式，而特征匹配用于图像和音频等复杂类型。灵活配置满足不同场景需求，提高数据利用率和管理效率。此外，数据识别需考虑对线上系统的影响。在实时和高并发的数据处理中，识别若影响大可能导致性能下降或故障。为提高效率和准确性，可采用缓存和异步处理等优化技术，以减少对线上系统的冲击。

②数据源鉴别技术

数据源鉴别技术在安全防御过程中扮演着至关重要的角色。随着网络攻击和数据泄露事件的频发，非法数据源和虚假数据已经成为威胁数据安全的主要因素之一。数据源鉴别技术主要应用于数据生命周期中的数据采集阶段，通过技术手段验证数据提供方的身份，确保数据的真实性和可信度，有助于防止非法数据源系统的接入和虚假数据的注入，从而保护数据的完整性和安全性。

为实现有效的数据源鉴别，可以采用多种技术和方法。如数字签名、哈希算法、公钥基础设施（PKI）等技术都可以用于验证数据的来源和完整性。此外，还可以通过建立信任关系、加强身份认证等方式提高数据源的安全性。在实际应用中，需克服鉴别技术的可靠性和安全性问题，以及处理大规模数据的挑战。因此，需要持续探索和创新，提升数据源鉴别技术水平和应用范围，以更好地保障数据的安全性。

③数据加密技术

数据加密技术是一种将数据转换为密文的过程，使得未经授权的人员无法读取或篡改数据。加密技术可以保护敏感数据在传输或存储过程中的安全，即使数据被拦截，攻击者也难以破解，能够实现敏感数据在暴露后仍保持其机密性。在安全防御过程中，数据加密技术可以在数据存储和数据传输等阶段使用。在数据存储阶段，通过对敏感数据进行加密，可以防止未经授权的人员访问或窃取数据。在数据传输阶段，通过加密可以确保数据在传输过程中的安全性，防止数据被截获或篡改。

为更好地实现数据加密，我们需要采用强加密算法和密钥管理机制。强加密算法是指经过充分测试和验证，被证明能够提供足够安全性的算法。密钥管理机制保证密钥安全、可靠，防止泄露或被非法获取。根据数据敏感度，采取相应加密存储措施。高敏感度数据需强加密存储，具体方法包括应用层加密、加密网关、文件级加密和基于 TDE 技术的加密等。在数据传输过程中，需采取安全传输措施，如 TLS/SSL 协议加密传输或建立 VPN 加密传输通道，防止数据被窃取或篡改。

④数据脱敏

在当今信息时代，数据处理和共享已经成为组织运营和发展的重要环节。但敏感数据的保护成为亟待解决的问题。为了解决这一问题，数据脱敏技术应运而生。数据脱敏技术通过对敏感数据进行变形处理，实现了在不泄露数据的前提下保证业务的正常运行。

数据脱敏技术的实施范围广泛，包括用户个人信息、组织内部财务数据、员工资料、业务运营信息等。根据实时性的不同，数据脱敏可以分为静态脱敏和动态脱敏两种形态。静态脱敏适用于非实时场景，如生产环境中的数据脱敏后，用于开发、测试、分析等用途。动态脱敏则适用于生产环境等实时处理场景，当用户访问敏感数据时实时进行脱敏处理。数据脱敏技术的实施不仅有助于保护敏感数据的隐私和安全，还能提高组织的数据治理水平。通过数据脱敏，组织可以更好地控制数据的使用和共享，提高数据的可信度和质量，为组织决策提供更有价值的信息。

⑤数字水印技术

在安全防御的庞大体系中，数字水印技术占据了重要地位。数字水印，如同为数据添加的隐形标签，通过在数据中注入特定的标识信息，为数据泄露后的追踪溯源提供了可能。在数据共享的阶段，数字水印便开始发挥作用。一旦数据泄露，能迅速定位泄露源，有效降低数据泄露事件的发生率。在实际应用中，数字水印技术不仅在保障数据安全方面发挥了巨大作用，也为数据的版权保护、来源追溯等提供了新的思路和方法。

从技术角度看，数字水印算法分为有失真和无失真两大类。有失真水印虽可能影响数据完整性，但实现简单，适合对精度要求不高的场景；无失真水印则可保持数据完整性，适合对精度要求高的场景。实施数字水印技术时，需注意以下几点：系统需具备根据不同数据类型选择最适合的水印算法的能力；能准确识别已加水印的数据类型；优秀的水印系统应便于添加和提取水印，同时，水印算法的鲁棒性也需考虑；要考虑水印对业务数据的准确性和可用性的影响。

⑥数据血缘技术

在保障信息安全的过程中，数据血缘技术是一个重要的工具。它能够追踪数据从采集到销毁的整个生命周期，通过分析日志或流量，我们可以展现数据库、表、字段等层面的父子关系和演变历程。使管理人员全面了解数据流动过程。通过数据血缘技术，数据的来源、去向和变化清晰可见，确保数据的可靠、合理使用和安全传播。

数据血缘的核心要素包括以下四个方面：一是数据血缘图谱能够可视化地展示数据在大数据平台各库各表之间的流动情况，帮助我们全面了解数据流动。包括操作类型、操作人员和操作时间等信息。二是数据表明可详细展示数据血缘图谱中每个节点的具体情况，如表结构、权限配置、脱敏配置、敏感程度以及越权日志等，有助于我们深入了解每个数据表状况。三是多表配置对比能比较数据血缘图谱中各节点的表配置。

通过对比权限配置、脱敏配置和用户集等，及时发现安全漏洞并防止数据泄露。四是多表访问对比可以比较各节点的实际访问情况。通过分析查询、导出、越权操作数和用户数等指标，发现热点数据分布和未被频繁使用的冷数据。

⑦安全多方计算

在保障信息安全中，安全多方计算技术能实现数据的可用性而非可见性。通过各方协同计算满足数据需求，确保数据安全和可用性，主要应用于数据共享阶段。数据共享业务因安全问题受阻，主要原因是各方不信任和不愿交由对方处理数据。安全多方计算框架整合多种密码技术，使各参与方能在密文状态下进行数据分析计算，解决数据共享中的隐私保护问题。它依赖四种基础密码学技术：秘密共享、不经意传输、混淆电路和同态加密。完成特定任务通常需结合两种或以上的基础技术，这些技术能从源头上对数据进行"加密"，使各计算参与方仅能观察到"密文"，从而实现安全多方计算。

在安全多方计算中，存在输入方、计算方和结果方三个主要角色。输入方负责提供敏感数据给计算方，其数据质量和完整性直接影响最终结果。计算方作为执行者，接收数据并与其他计算方共同执行协议，其行为对整个计算过程的正确性和安全性至关重要。结果方负责接收计算结果，目标是获得准确和安全的计算结果，确保整个过程的有效性。此外，参与者还有诚实、半诚实和恶意之分，各方的行为和诚实性对整个计算过程的安全性和可靠性将产生重要影响。

⑧合规审计技术

合规审计在数据的整个生命周期中都发挥着重要作用。在合规安全性测试中，建议运用日志审计技术对系统内部用户行为进行持续监测，以防组织关键信息或重要资料的丢失。通过收集、整理和解析日志数据，能及时发现异常行为并向审查人员发出警报。日志审计技术能够全面收集、整理和解析系统中的日志数据，通过分析用户的操作行为，包括登录、查询、修改等数据，可了解用户的活动轨迹，发现异常行为，如未经授权的访问、异常操作等。一旦检测到此类行为，系统会立即向审查人员发出警报，以便及时处理。

此外，日志审计在数据的整个生命周期中都发挥着重要作用。从数据的产生、存储、传输到销毁，日志审计都能提供全面的安全保障。这种技术广泛应用于各类系统，无论是组织内部的办公系统还是云计算平台等系统，都离不开日志审计的支撑。它不仅能够确保数据的安全性，还能提高系统的可靠性，减少故障的发生。

⑨监控预警技术

在安全检测过程中，监控预警技术发挥着至关重要的作用。通过采用机器学习算法对全量日志进行精量化威胁分析，我们可全面了解数据画像和用户画像，并实时监控数据访问和用户行为。结合数据的依赖关系和攻击手段，我们能预测潜在的危险行为，从而提前采取措施防范风险。

监控预警技术涉及数据的整个生存周期，从数据的产生、传输、存储到销毁。在这个过程中，需要注意以下四个关键点：一是自定义配置告警策略是必要的。通过设置合适的告警条件，可全面阻止影响数据安全的危险行为，及时发现并处置潜在的安全威胁。二是实时监测恶意攻击行为是至关重要的。对于多次尝试失败的用户或可疑行为，需立即采取处置措施，如阻止访问、隔离网络等，以遏制潜在的恶意活动。三是预测敏感数据的流动趋势有助于及早发现数据泄露迹象，并采取相应的防范措施。通过分析数据的敏感程度，可主动发现重要数据，为管理人员配置敏感数据提供依据。四是针对即时发生的越权操作，需立即告警并采取相应的应对措施。越权操作可能导致数据泄露或系统被非法控制，因此及时发现和处置这类行为对于保障数据安全至关重要。

⑩数据安全态势感知

在安全检测过程中，我们采用数据安全态势感知技术，以动态、全面的方式来洞察安全风险。该技术可以有效提升我们对数据安全威胁的发现、识别、理解和应对能力，并通过视图形式展示其分析结果。数据安全态势感知技术覆盖数据的整个生命周期。

数据安全态势感知技术的关键点包括：一是支持数据态势全景可视化，全面展示大数据平台的架构、部署、运行和安全状况及数据资产的量化、分布、敏感程度，以及用户行为的实时并发、定位和警报等概况信息。二是支持敏感数据资源可视化，清晰展示敏感数据在大数据平台上的分布情况、安全管控配置以及实际访问情况等信息。三是支持用户行为可视化，全面展示用户的活跃时间、数据访问记录、使用命令、访问IP、权限配置以及行为轨迹等信息。四是支持数据血缘可视化，结合数据血缘技术，完整展示数据的流转情况。五是支持监控预警可视化，实时监控数据访问和用户行为，结合数据的依赖关系和可能的攻击手段，预测潜在的危险行为。一旦发现越权操作，立即发出警报。

（4）人员能力体系

数字安全治理的有效实施离不开具备专业知识和技能的数字安全人才，组织可以建立一个与数字安全治理相适应的人才培养机制，培养具备专业知识和技能的数字安全人才，为数字安全治理的有效实施提供有力保障。

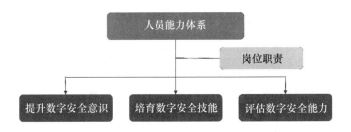

图4-6　人员能力体系示例图

提升数字安全意识。组织可以结合业务开展的实际场景和数字安全事件案例，定期为相关人员开展数字安全意识培训，有效降低因安全意识不到位带来的数字安全风险。

培育数字安全技能。组织可以构建一个完善的数字安全技能培育体系，提高员工的数字安全技能和实践能力。这有助于机构更好地应对日益复杂的数字安全威胁，确保业务的安全稳定运行。

评估数字安全能力。为了评估数字安全能力，需要结合人员角色及岗位职责，从理论基础评估和实际操作能力等方面综合考虑，构建一个全面的数字安全能力评估体系。此外，为了实现人员培养的闭环运营，可以将评估结果作为人员培养的依据，根据个人在理论和实践方面的薄弱环节，制订针对性的培训计划，提升人员的数字安全能力。同时，定期进行复评，以检验人员的能力提升情况，并根据实际情况调整培训计划和考核标准，确保人员能力持续提升。

3. 治理运营

（1）风险防范

数字安全治理的目标之一是降低数字安全风险，确保组织资产、信息和数据的安全。为了实现这一目标，建立有效的风险防范措施至关重要。以下是从三个方面入手的风险防范手段。

一是制定数字安全策略。根据数字安全治理的各项管理要求，制定通用安全策略，为组织的数字安全提供指导和规范，并结合各业务场景的安全需求，制定具有针对性的安全策略，确保不同业务领域的数字安全得到充分保障。同时，要综合考虑组织的管理要求、业务需求、法律法规、风险管理等多个方面，确保策略的全面性、针对性和有效性。

二是扫描数字安全基线。安全基线是数字安全防护的最低要求，需要定期梳理和更新相关的安全规范及安全策略，将更新的安全规范和策略转化为数字安全基线，为组织的数字安全提供明确的指导标准。在使用技术手段进行定期扫描时，要确保组织的数字系统、应用和数据符合安全基线的标准要求。

三是评估数字安全风险。开展数字安全风险评估，可以全面了解组织面临的数字安全风险和威胁。将评估结果与安全基线进行对标检查，确定哪些部分符合或不符合基线要求，对于不满足基线要求的评估项，采取相应的改进措施，以实现有效的风险防范。

（2）监控预警

为了实现对数字安全风险的防控，组织需要在数字安全治理的各个阶段开展安全监控和审计。组织通过态势监控、日常审计、专项审计等方式，可以实现对数字安全风险的防控，降低数字安全风险。

一是态势监控。它是数字安全治理中的关键环节，它根据数字安全治理的各项安全管理要求，建立组织内部统一的数字安全态势感知能力，通过实时监测和分析组织内的数字安全状态，帮助组织建立起有效的数字安全态势监控体系，对各风险点的安全态势进行实时监控以发现潜在的安全威胁并及时响应。一旦发现安全威胁，能够实现及时告警及初步阻断。这有助于提高组织对安全威胁的防范能力，降低数字安全风险。

二是日常审计。它是数字安全治理的重要组成部分，它针对组织日常工作中涉及的账号使用、密码管理、权限分配、漏洞修复等方面的安全管理要求进行审计，以发现问题并及时处理，确保日常工作的安全管理要求得到满足。这有助于及时发现并解决潜在的安全风险，提高组织的整体安全水平。

三是专项审计。它是对数字安全治理工作执行情况的全面检查和评估，发现存在的问题和不足，并进行针对性的改进，以确保组织在数字安全治理能力、隐私合规、风险分析、安全事件应急等方面达到预期标准。这有助于提高组织的数字安全治理水平，降低数字安全风险，确保业务的稳定运行。

（3）应急处理

一旦发生数字安全事件，组织应立即根据数字安全事件应急预案对正在发生的各类安全攻击、安全威胁等进行紧急处置，确保第一时间进行阻断。应急处置完成后，应尽快组织复盘分析，明确事件发生的根本原因，做好应急总结，沉淀应急手段，跟进落实整改，并完善应急预案。最后，根据安全事件的类别和级别，在内部进行宣贯，并定期开展应急预案的演练，降低类似数字安全事件风险。

4. 治理成效评估

数字安全治理是一个持续性过程，成效评估在数字安全治理中起到了关键的作用，它不仅评估治理工作的效果，还可以为下一阶段的治理工作提供改进的依据。在数字安全治理能力建设过程中，如何高效评估其成效并针对所存在的问题进行优化改进，成为组织需关注的核心议题。

（1）内部评估

组织应形成周期性的内部评估工作机制，以确保数字安全治理的有效性。内部评估应由管理层牵头，执行层和监督层配合执行，确保评估开展的有效执行。将评估结果与组织的绩效考核挂钩，可以避免评估流于形式。常见的内部评估手段包括自查评估、应急演练和对抗模拟等。

自查评估：通过设计调研表单、评估问卷、定期进行工具检查等形式，在组织内部开展评估。主要评估内容至少应包括数字安全治理的安全控制策略、风险需求分析、监控审计执行、应急处置措施、安全合规要求等内容。这样可以全面了解组织在数字安全治理方面的现状和存在的问题，为后续的改进提供依据。

应急演练：通过构建外部黑客攻击、内部人员泄露等场景，测试组织数字安全治理措施的有效性。在应急演练后开展复盘总结，不断优化应急预案和数字安全防护措施，提高组织应对突发安全事件能力。

对抗模拟：通过模拟真实攻击场景，实施红蓝双方对抗，在对抗过程中不断挖掘组织数字安全领域可能存在的攻击面和渗透点，有针对性地优化数字安全治理技术能力。检验和提升组织的数字安全防护能力①。

（2）第三方评估

通过引入第三方评估，组织可以更为客观地了解自身的数字安全治理水平，从组织架构、制度流程、技术工具、人员能力体系的建设情况入手，发现存在的问题和不足，并明确改进方向。这有助于考察组织数字安全治理能力的持续运转及自我改进能力。

（二）治理要点

1. 数字基础设施安全

在数字化时代，伴随着人工智能、大数据、云计算等新兴技术的迅猛进步，产业数字化与数字产业化的步伐加快，网络和数据安全环境变得更为错综复杂。这种背景下，构筑数字安全底座显得尤为重要。数字安全底座能够为各种应用和业务提供安全保障，确保数据的安全性、完整性和可用性。

（1）网络基础设施安全

①第5代通信网络（5G）

5G作为新一代科技革命和产业变革的代表性、引领性技术，其高带宽、低延迟和广连接三大特性的多场景应用，满足了万物互联的各类需求，成为经济社会转型升级的重要驱动力。5G网络不仅极大地提升了数

---

① 中国信通研究院：《数据安全治理实践指南（1.0）》［EB/OL］，（2021.7）［2023.7］。

据传输速度，还支持了更广泛的设备连接，为各种新兴应用场景提供了可能性，成为关键信息基础设施和经济社会转型升级的重要驱动力量。

国家高度重视以 5G 为首的"新基建"发展，相关单位密集部署推进，并在 2020 年《政府工作报告》中进一步明确应加强新型基础设施建设，发展新一代信息网络，拓展 5G 应用。5G"新基建"在加速社会数字化转型和智能化发展的同时，也成为网络安全与各行各业全面融合应用的"新安全"基建，全面促进传统产业的数字融合转型升级，驱动互联网创新由消费互联网向产业互联网的转变，助力经济社会高质量发展①。

对于 5G 网络安全解决方案来说，需要满足网络安全等级保护制度和关键信息基础设施安全保护要求。从整个 5G 的组网结构分析来看，虚拟化、网络切片、边缘计算等新技术的引入导致 5G 网络结构发生了很大的变化，但同时也带来了新的安全风险。一是终端风险。主要包括终端设备的安全性和可靠性问题，以及终端用户的数据隐私和安全问题。这些风险主要源于终端设备的复杂性和多样性，以及 5G 网络的高速度和大规模特性。二是网络切片风险。由于网络切片共享物理资源，若未采取适当的安全隔离机制和措施，可能遭受关联攻击，导致切片之间的资源被滥用、数据泄露或服务中断。若密钥管理与授权机制不健全，可能导致密钥泄露或授权不当。若网络资源管理与运维安全措施不到位，可能引发网络资源分配不合理、运维安全等问题。三是边缘计算节点风险。边缘计算节点（Mobile Edge Computing，MEC）和 5G 核心网网元互相连接，受攻击后容易影响整个核心网网络，且易遭受 DDoS 等攻击的风险。另外，MEC APP 会存在恶意第三方接入边缘网络提供非法服务、非法创建、删除、更新等高危操作，用户敏感数据会有泄露的风险等②。四是数据安全风险。主要包括数据泄露、数据篡改和数据隐私侵犯等方面，这些风险主要源于 5G 网络的高速度、大规模和开放性等特点，以及数据在存

① 《数字安全能力洞察报告》［EB/OL］，中国软件评测中心、杭州安恒信息技术股份有限公司，2023 年 5 月 12 日，https：//www.cstc.org.cn/info/1365/247807.htm。

② 《数字安全能力洞察报告》［EB/OL］，中国软件评测中心、杭州安恒信息技术股份有限公司，2023 年 5 月 12 日，https：//www.cstc.org.cn/info/1365/247807.htm。

储、传输和使用过程中的安全保护不足，拥有数据的组织容易成为被攻击目标。五是安全管理和运营风险。5G网络涉及多个网络切片和多种业务场景，导致整个网络的安全策略不一致，增加了安全风险。同时，5G网络规模庞大，涉及的设备和数据量巨大，安全管理难度相应增大，如何有效地进行安全管理，确保网络的安全稳定运行，也是一个亟待解决的问题。

针对上述5G安全问题，需要在如下方面进行加强。

第一，在终端安全方面，需要从多处入手，包括：加强终端设备的物理访问控制和防止物理攻击的措施；提升终端操作系统的安全性和可靠性，包括对终端操作系统的漏洞修复和安全更新，以及对恶意软件的检测和清理；实施终端身份认证和访问控制机制，以防止未经授权的访问和使用；加强数据传输和存储的加密和保护措施，以确保数据的机密性和完整性；建立完善的终端用户数据隐私保护机制，对用户数据加密和匿名化处理，以及加强用户隐私数据的保护和管理。

第二，在网络切片安全方面，为确保各个切片间的安全隔离和访问控制，应采用云化、虚拟化等技术手段，实现精确且灵活的切片隔离，以确保不同切片用户之间资源的有效隔离。同时实施完善的密钥管理和授权机制，对不同切片使用不同Key或者授权机制，防止Key泄露引发的切片攻击；建立完善的安全管理制度和流程，加强对网络设备和系统的监控和管理，同时实施安全审计和风险评估，确保网络资源管理和运维安全措施的有效性和可靠性。

第三，在边缘计算节点安全方面，主要从基础设施安全、虚拟化安全防护、数据资源安全、设备间交互安全等进行安全保障。加强基础设施安全，可以采用访问控制、监控和审计等措施，防止未经授权的访问和使用，确保边缘计算节点的基础设施安全；对虚拟化环境进行安全防护，包括虚拟机隔离、虚拟化防火墙等措施，防止虚拟机逃逸和攻击，同时，建立完善的密钥管理和授权机制，保证虚拟机的安全性和可靠性；强化数据资源安全，对边缘计算节点中的数据进行加密和保护，防止数据被窃取或篡改，确保数据的安全性和可用性；建立设备间安全交互机制，采用加密通信、访问控制等措施，防止设备之间的通信被窃取或篡改。

第四，在数据安全方面，数据在 5G 核心网的采集、传输、存储、处理、共享、应用等各个阶段都存在安全风险。因此，采用对称加密、非对称加密等算法，对数据进行加密存储和传输，防止数据被窃取或篡改；建立完善的数据备份和恢复机制，防止数据丢失或损坏，确保数据的可靠性和可用性；对数据进行匿名化和隐私保护，防止用户隐私被侵犯；建立完善的数据审计和监控机制，采用日志分析、审计监控等技术，对数据进行实时监测和分析，及时发现和处理数据安全问题；实施严格的用户身份认证和访问控制机制，防止未经授权的访问和使用。

第五，在安全管理和运营方面，制定统一的安全策略，充分考虑不同切片和业务场景的需求和特点，确保整个网络的安全性；加强与各相关行业的合作和交流，共同应对网络安全威胁，提升整个产业链的安全防护能力；通过技术创新和管理优化，采用自动化的监控和运维系统，减少人工干预和运维成本。

②互联网协议第 6 版（IPv6）

在数字化时代，随着 5G、物联网、工业互联网等新兴领域的快速发展，IPv6 作为下一代互联网技术，具有海量地址空间和内嵌安全能力等优势①，为网络技术创新提供基础支撑。其广泛应用成为数字化、网络化、智能化发展的核心要素，受到世界关注和投入。

我国在 IPv6 规模部署方面实现了跨越式发展，IPv6 地址资源快速增长，信息基础设施 IPv6 服务能力已基本具备。中共中央、国务院印发的《数字中国建设整体布局规划》指出，要建设数字中国，首先要夯实建设基础，打通数字基础设施大动脉，其中一项关键工作就是继续深入推进 IPv6 规模部署和应用。这将进一步推进新一轮的 IPv6 部署和应用，同时对 IPv6 安全提出了更高的要求。

相比 IPv4 时代，IPv6 协议在多个方面提高了安全性。一是地址空间更加广阔。IPv6 使用 128 位地址，相较于 IPv4 的 32 位地址，其地址空间更加广阔，可以支持更多的设备连接到互联网，从而降低了 IP 地址耗尽

---

① 中国信息通信研究院：《筑牢下一代互联网安全防线——IPv6 网络安全白皮书》［EB/OL］，（2019.9）［2023.2］。

的风险。二是安全性更高。IPv6 引入了 IPSec（Internet Protocol Security）协议，提供了端到端的数据加密和认证机制，增强了通信安全性。三是可扩展性更好。IPv6 的地址空间巨大，可以满足未来互联网设备爆炸式增长的需求。此外，IPv6 还支持更多的网络层选项和扩展头部，提供了更灵活的可扩展性。四是实名制下的网络身份认证。由于 IP 资源丰富，为确保真实用户与 IP 一一对应，运营商在办理入网申请时会分配固定 IP，实现上网记录和行为可追溯。

但随着我国 IPv6 网络和业务不断发展，IPv6 网络安全风险不断涌现。一是 IPv6 地址扫描和漏洞利用。由于 IPv6 地址空间庞大，攻击者可以更轻松地扫描网络中的目标和潜在漏洞，进行 DoS 攻击、DDoS 攻击等恶意行为。二是 IPv6 地址自动配置（SLAAC）机制安全风险。攻击者可以通过 SLAAC 欺骗设备，使其连接到恶意网关，进而窃取敏感信息或篡改数据。三是 IPv6 地址伪造和欺骗。由于 IPv6 地址的自动分配特性，攻击者可以更容易地进行 IP 地址伪造和欺骗。四是 IPv6 协议族新增安全威胁。如 NDP 攻击（针对 ARP 的攻击如 ARP 欺骗、ARP 泛洪等）、未实施双向认证情况下可实施中间人攻击（Man‐in‐the‐Middle Attacks，MITM）等。五是 IPv4 和 IPv6 都面临一些共同的安全威胁。如未配置 IPSec 可能发生网络嗅探、应用层攻击导致的漏洞、可冒充合法用户接入网络、中间人攻击、泛洪攻击等威胁。

针对以上 IPv6 网络可能存在的风险，建议采取以下安全措施。

加强配置和管理。对 IPv6 地址进行合理规划，确保每个设备和节点都有正确的 IPv6 地址配置。同时，加强日常管理和维护，定期检查和更新配置。

增强安全防护措施。采用最新的网络安全技术，如深度包检测、行为分析等，增强对 IPv6 流量的监控和防护能力。同时，对 IPv6 协议进行安全风险评估，及时发现和修复漏洞。

完善网络安全设备支持。对现有的网络安全设备进行升级和改造，使其支持 IPv6 协议，并能够有效地检测和防御 IPv6 流量中的攻击。

加强服务功能安全性验证。对 IPv6 的新服务功能进行全面的安全性测试和验证，确保其在各种场景下都能够安全稳定地运行。

建立完善的安全管理机制。制定详细的安全管理制度和流程，明确各方的安全责任和义务。同时加强安全宣传和培训，增强员工的安全意识和技能水平。

（2）算力基础设施安全

①算力网络

5G新基建和数字中国的建设推动了垂直行业对大带宽和低时延的需求增长，从而涌现出众多人工智能和多媒体渲染应用。这些应用产生大量数据，进一步提高了对算力的需求。同时，云计算、边缘计算和大数据等技术发展，增加了计算资源可用性，方便用户接入进行智能计算。

然而，在各个区域算力资源建设的过程中，节点之间的协同机制并不健全，从而导致了计算资源利用率的降低。为解决此问题，算力网络应运而生，作为一种新型信息基础设施。它依托于高速、移动、安全、泛在的网络连接，整合了包括网、云、数、智、安、边、端、链等多层次的算力资源，并提供数据感知、传输、运算等一体化服务①。通过优化网络架构与协议，为用户量身定制最佳的资源分配与网络连接方案，实现网络资源的最优利用。

算力网络作为新型信息基础设施，在提供一体化服务的同时，也面临着安全和隐私威胁的挑战。由于算力网络中存在云计算、边缘计算和大数据中心等多源算力节点，使得网络、应用和数据的暴露面日益扩大，相较于传统网络，算力网络所面临的安全挑战更为严峻。此外，由于算力节点具有分布式特征，这也带来一些特有的安全与隐私问题。如在分布式计算环境中，数据的隐私保护和加密传输是一个重要的问题。同时，由于各个节点之间需要进行数据交互和共享，如何保证数据的安全性和完整性也是一个挑战。

整个算力网络安全从算力网络自身安全和算力网络业务安全进行分层保障。其中，算力网络自身安全可以从基础设施层安全、编排管理层安全和运营服务层安全三个方面加强安全建设，从而有效地保障算力网

---

① 张逸然、耿慧拯、粟栗、陆黎、杨亭亭：《算力网络业务安全技术研究》[J]，《移动通信》，2022年第11期，第90—96页。

络自身的安全性。在网络基础设施安全方面，需要构建 IPv6 + 新技术、SRv6/G – SRv6 网络、APN6、SASE 安全资源池等云网可信安全连接能力。这样可以确保算力数据在网间流动时的可信与可用性，并可利用 IP 对网络边界突破行为进行合理性评估与管控。

在编排调度安全方面，需对整个云网的编排行为、算网编排数据、编排算法进行安全保障。智能安全调度主要包括对云边端三层的跨层编排与调度安全的智能化安全保障，确保网络与算力设施可以自适应应对不断发展和演变的安全威胁。算网安全管控主要包括对算力滥用问题的管控，确保算力资源不被浪费与合法性等。

在运营服务安全方面，需对算力资源和算力服务交易的监控与审计、算力交易数据可信进行安全保障，确保算网服务的安全可信。构建安全能力资源池，确保安全能力能够满足差异化场景需求与具备可对抗性。

算力网络业务的安全架构是一个综合性的体系，可以从五个方面进行建设：安全感知、安全编排、安全控制、安全能力资源池和安全管理。

首先，安全感知是整个架构的基础，其主要任务是感知用户的安全需求，对计算任务、节点信息、安全需求等进行深度分析，并映射为用户的安全服务请求，发送给安全编排。安全编排则关联安全需求与安全资源池能力，生成安全策略，辅助算网大脑决策。安全编排与安全感知交互，获取用户的安全需求作为决策编排的依据，并且与控制器交互，将编排策略交由控制器完成能力调度，随后完成算力网络编排管理的同步。

其次，安全能力资源池是实现共性 SaaS 化远端安全能力和个性化的近源测安全能力保障的设备形态，可以是硬件的，也可以是虚拟化的。

最后，安全管理在整个架构中起着至关重要的作用。它负责将安全资源池能力从开通到许可收回进行统一管理，并实现安全业务管理视图、操作审计等功能。安全管理还能呈现安全态势等供安全管理员分析与决策。

通过这些方面的建设，算力网络业务的安全架构能够更加完善和可靠，为用户提供更加安全、可靠、稳定的服务。同时，这也为算力网络的发展和进步提供了更加坚实的保障。

② "东数西算"

"东数西算"是国家战略性工程，旨在通过西部地区算力来解决东部地区庞大的算力运转需求，从而带动西部经济发展并支持东部地区组织日益增长的算力需求。这一工程的实施对于数字经济发展和民生支撑具有重要意义，而算力作为支撑数字经济发展的重要底座，其安全保障至关重要。

在实施"东数西算"工程的过程中，面临诸多现实问题，如网络延迟长、数据安全难以保障等。这些问题的存在意味着在东部数据传输过程中，网络安全、数据安全、应用安全、物理安全等各层面都面临着多重风险，因此工程的安全性需要得到高度重视。为了支撑算力的供给，全国各省和大中型国有通信组织都在加大算力基础设施的建设以及优化布局，其中，国内四大运营商对算力网络服务的建设规划尤为重要。

"东数西算"的安全关键在于保障处于算网核心的算力和数据。为达到这一条件，在国家和行业层面均对安全建设提出了新的目标。不仅需要满足安全政策的合规监管，还要面向实战保障数字化业务。因此，需要围绕安全系统工程的方法开展安全体系的规划、建设和运营，构建符合"东数西算"工程中算网安全要求的安全保障体系。

为建立完善的算网安全体系，需要开展三个方面的工作。

首先，明确"东数西算"工程中算网安全的切实安全风险与需求。作为国家战略工程，"东数西算"不仅是系统建设性工程，更带来了国家规模的新型产业模式。随着工程的逐步推进和规模的扩大，安全保障的作用才会凸显出来。因此，在工程的建设初期就应该对安全风险进行充分评估和防范，确保工程的安全性和稳定性。

其次，针对算力网络自身的特点，需要认识到泛算力节点的增多、攻击暴露面的扩大、网络数据和应用安全风险加剧等问题。此外，由于算网产业涉及领域广泛、节点众多、产业链较长，各节点的安全能力不一，容易造成算力滥用和产业安全支撑的性能要求和创新要求较高。因此，需要加强各节点的安全管理和技术防范，确保整个算力网络的安全性和稳定性。

最后，为了保障算网在"东数西算"工程中发挥核心作用，需要以整体工程的思维未雨绸缪，将基础设施保障、大数据安全、区块链可信、AI 智能安全等提前融入规划、建设和运营当中。这能够将"东数西算"工程中算网的安全隐患，如网络可信、数据可信、计算可信等，清晰地呈现在国家和行业客户面前，并为未来的发展打下坚实的基础。

③云计算

云计算已经成为数字中国建设中的核心基础支撑，承载众多行业和领域的数字化业务建设。随着数字化转型的加速推进，云计算作为基础设施和平台服务，为各行业提供了高效、灵活、安全的服务支持，是数字化转型的核心驱动力。

云计算技术的快速迭代确实推动了云技术架构和应用模式的演进，但安全风险也变得日益复杂和多元化。由于云计算技术的快速变化，云平台在设计、应用、测试和部署时对安全性的考虑可能不足，这使得云平台容易成为黑客攻击的目标。

在资源高度集中的运行环境下，云平台所面临的攻击威胁与传统组织的网络环境相比更为严重。攻击者可以利用云平台的漏洞和缺陷，进行大规模的攻击和入侵，从而对用户的数据安全和隐私造成严重影响。

为有效应对当前的安全挑战，建立健全安全保障体系显得至关重要。鉴于"安全边界"的定义方式随着系统技术架构的演进不断变化，须构建一种综合的内外防护能力，以应对这些新的挑战。这要求我们从整体角度出发，不仅关注网络层面的安全，还要关注应用、数据以及用户行为等多方面的安全，云计算平台安全防护体系是确保云计算安全稳定运行的关键。按照"全过程防护、多分层防护、多手段综合、加强实时监管"的思路构建的这一体系，旨在全面提升云计算平台的安全性。其基本架构由基础设施安全防护、平台安全防护、应用安全防护、终端安全防护和安全管理五部分组成。

第一，基础设施安全防护。云基础设施作为云计算的基石，为用户提供灵活、可扩展的计算、存储和网络资源，其安全防护对于整个云计算体系至关重要。除了传统的物理安全、网络安全和系统安全措施外，虚拟化安全成为云基础设施安全防护的核心任务。

虚拟化安全防护是确保云计算平台安全的关键环节之一。由于虚拟化技术使得多个用户或应用共享相同的计算资源，因此需要采取有效的隔离措施来保护每个用户或应用的安全性。首先，隔离备份虚拟服务器，确保每个虚拟机的数据和应用程序在物理和逻辑层面上的隔离。其次，通过虚拟化管理软件集中管理和监控虚拟服务器的创建、运行和销毁，防止未经授权的用户或应用程序介入虚拟化软件层，从而确保虚拟化环境的完整性和安全性。

第二，平台安全防护。平台安全防护是云计算安全体系中的重要组成部分，PaaS 层为用户提供应用开发和运行环境，因此其安全性对于保障用户数据和应用的安全至关重要，PaaS 层主要涉及平台安全、接口安全和应用安全等安全问题。主要安全措施有三。

一是用户身份认证，它是确保云计算平台安全的重要环节之一。通过采用身份联合、单点登录和统一授权等措施，可以有效地保护用户身份信息的安全性，并确保只有合法用户能够按照其权限安全地使用云资源。

二是云密码服务，它基于公钥体制，为用户提供加解密服务，保障数据传输和存储的安全。用户能对自己的业务流加密解密，确保数据机密性和完整性，防止数据被非法获取或篡改。

三是云审计服务，它是由第三方对云环境安全进行审计，提供客观、公正的评估结果和证据可信度，有助于增强用户对云服务提供商的信任，也可以对用户的应用软件进行审计，避免云环境被非法利用。

第三，应用安全防护。应用安全防护是确保 SaaS 层安全的关键环节之一。SaaS 层直接为云终端用户提供基于互联网的应用软件服务，因此应用安全至关重要。

首先，数据隔离是主要的安全措施之一，通过网络分段、虚拟化技术等手段，实施数据隔离策略，确保不同用户数据相互独立，防止数据泄露和其他安全风险。

其次，数据加密也是一种有效的安全措施，可以应用于数据传输、访问、存储和审计等各个环节。通过使用加密技术，可以保护用户敏感数据在云端的安全性和机密性，防止数据被非法获取或篡改。加密技术可以提供数据的完整性、机密性和身份验证等功能，进一步提高数据的安全性。

最后，访问权限控制亦是保障应用安全的关键手段，通过对用户访问权限的合理设置，建立安全的访问控制机制，通过云平台不同信任域，实现用户隔离。这可以有效防止未经授权的访问和数据泄露，提高应用的安全性和可靠性。

第四，终端安全防护。终端安全性直接影响云计算服务安全，因此需纳入安全防护体系。

一方面，基于用户端的终端防护，用户在终端上部署包括防病毒、防火墙、漏洞扫描等安全防护手段，可以有效地防止终端和浏览器软件因自身漏洞被控制，避免用户登录云平台密码被窃取。这些措施可以提供基础的安全保障，降低潜在的安全风险。

另一方面，基于云端的终端防护，云服务提供商采用安全云理念，部署可信浏览器和安全监控软件，建立终端到云端的可信使用和加密传输路径，提供可靠的安全保障。同时，通过软件监控和升级弥补浏览器漏洞，提高安全性。

第五，安全管理。安全管理是云计算安全防护体系的关键环节，通过系统管理、身份管理和运营管理三个方面，有效地管理和控制云平台的安全性。

系统管理，通过建立专用的云平台安全管理系统，统一管理和自动化部署各类安全防护手段和软硬件系统，可简化安全管理流程，提高管理效率。同时，通过集中监控云平台的运行状态，结合智能分析技术，可以对收集的数据进行深入分析，及时发现异常行为或威胁，并自动调整安全策略以应对潜在的安全风险。

身份管理对于云平台至关重要，它对管理员和应用开发人员等内部人员进行身份认证和权限管理，确保只有授权人员能够访问相关资源，避免安全风险。同时，建立操作审计机制能发现不当操作或潜在的恶意行为，并及时采取措施纠正或调查。

运营管理可以通过建立和完善安全管理相关制度，如登记审核、监管报告、风险评估和安全审计等，来规范云平台的运营管理。严格执行这些制度可以降低因管理松懈导致的风险事故，确保安全防护体系的正常运行。

（3）感知体系安全

①终端层

确保终端通信安全的关键是从底层软硬件到上层应用 APP/数据全面防护。如在终端内设安全芯片，作为终端标识、通信加密密钥和安全可信根的载体。采取物理关闭调试接口和物理写保护等措施防范针对终端的底层物理攻击。同时，通过安全启动、完整性校验等措施确保终端的系统固件和操作系统安全①。

为确保终端通信业务的安全，对通信数据进行端到端的加密是一种有效的措施。通过加密技术，可以确保终端之间传输的数据在传输过程中始终保持加密状态，防止数据被窃听或篡改。这种加密方式尤其适用于对安全性要求较高的场景，如保密通话、金融交易等。

除数据加密，对终端的应用 APP 软件实施漏洞扫描和安全加固也是至关重要的安全措施。定期进行应用 APP 的漏洞扫描和安全加固，可以帮助及时发现潜在的安全风险，并采取相应的修复措施，提高其抵御常见攻击的能力。

②边缘计算层

对于 MEC 安全来说，确保其软硬件系统的边界防护是非常关键的。保障 MEC 云基础设施的安全，需要综合运用多种安全措施和技术手段，如通过资源隔离、Hypervisor 安全监控、操作系统和数据库漏洞扫描与加固、安全审计与监控以及数据备份与恢复等方面的措施，可以构建一个可靠、安全的 MEC 云基础设施，为用户提供高效、安全的边缘计算服务。

另外，在 MEC 边缘计算云的部署应用中，确保应用 APP 和 API 接口的安全是非常关键的。应用 APP 是用户与 MEC 边缘计算云进行交互的重要界面，而 API 接口则是实现不同系统之间数据交互和业务能力共享的

---

① 中国信通研究院：《数据安全治理实践指南（1.0）》［EB/OL］，（2021.7）［2023.7］。

重要通道。因此，进行定期的安全扫描和加固是非常必要的。安全扫描可以帮助发现潜在的安全风险和漏洞，而加固则是对应用 APP 进行一系列的安全配置和防护措施，提高其抵御常见攻击的能力。同时，通过加密措施和接口安全认证，可以防止数据被窃取或篡改以及未经授权的访问和恶意攻击，提高 API 接口的安全性。

③网络层

数字化基础设施的网络层安全是一个复杂而重要的领域，需要从多个方面进行全面的防护和管理。通过确保 RAN 基站空口安全、承载网安全、核心网安全以及 5G 切片安全，可以构建一个稳定、安全的网络层，为数字化基础设施提供坚实的安全保障。

基站空口侧安全：这一部分主要涉及 5G 用户设备与基站之间的空中接口安全。由于空口直接暴露在外部环境中，容易受到各种威胁，如无线攻击、数据窃取和篡改等。为了确保空口安全，需要采取一系列的安全措施，如加密通信内容、验证用户身份、防范恶意接入等。

承载网安全：承载网是负责传输数据的基础网络设施，其安全性对于整个网络层的稳定至关重要。要保障承载网的安全，需要对网络设备进行严格的安全配置和管理，防止未经授权的访问和攻击，同时应定期进行安全漏洞扫描和修复。

核心网安全：核心网负责处理和管理网络资源，提供各种网络服务。5G 安全性需要从多个方面进行保障，包括网络安全、数据安全、应用安全等。需要对核心网进行全面的安全防护，防范各种潜在的网络威胁和攻击。

5G 切片安全：5G 切片是一种网络功能虚拟化的技术，可以根据业务需求将网络资源划分为多个虚拟网络，以满足不同业务的需求。切片的安全性需要从资源的隔离、访问控制和监控等方面进行保障，防止不同切片之间的相互影响和潜在的安全威胁。

2. 数据资源体系安全

要夯实数字基础设施并充分发挥数据的价值，需要加强数据资源的开放和循环。通过建立完善的数据资源体系、加强数据治理、推动数据跨域互联互通以及保障数据安全与隐私等方面的措施，可以进一步释放数据的价值，为数字经济发展注入新动能。

（1）数据资源安全汇聚

当今社会，公共数字资源和公共数字经济发挥着不可或缺的作用，而公共数据作为其中的核心要素，需要得到有效、安全的汇聚和利用。通过加强公共数据的治理工作，可以更好地发挥公共数据在经济社会发展中的作用，推动数字经济的健康发展。

公共数据作为国家的重要资产，其安全性和隐私保护至关重要。随着公共数据边界的快速延伸和数据流通的增加，采取有效的措施来保障公共数据的安全汇聚和利用是至关重要的。截至2023年，很多省市已经设立了大数据局，以及类似数字广东、数字浙江、数字重庆这种大数据集团公司，均在逐步探索适合自身的道路。为保障公共数据安全汇聚利用，需要从多个方面进行综合管理和治理，包括建立健全数据分类分级体系、加强技术保障、制定相应的法律法规和政策以及持续改进和优化等。

（2）数据资源分类分级

数据作为新型生产要素，在数字化、网络化、智能化方面发挥着基础性作用。要将其转化为数据要素，需要进行一系列的技术处理和加工，以便更好地挖掘和利用数据的价值。分类分级是数据要素利用的第一步，通过对数据进行分类和分级，可以更好地管理和利用数据，确保其安全性和隐私保护。

在数据分类方面，可以根据数据的性质、用途和敏感程度进行分类。如可以将数据分为一般数据、重要数据和核心数据等不同级别，并根据不同级别制定相应的管理策略和安全措施。对于重要数据和核心数据，需要进行重点管理和保护，确保其安全性。

在数据分级方面，可以根据数据的价值和潜在影响进行分级。如可以将数据分为低级别、中级别和高级别等不同级别，并根据不同级别制定相应的流通规则和使用限制。这样可以确保数据的合理流动和合规使用，防止数据滥用和泄露等安全问题。

因此，真正意义上实现公共数据分类分级落地，主要从以下四个方面展开。

一是加快基础制度建设。参考国内外相关的数据分类分级制度和标准，结合实际情况，制定适用于公共数据的分类分级基础制度，制定数据分类分级的操作指南和规范，提供具体的分类分级方法和步骤。

二是技术引入与工具升级。选择具备自学习和成长特性的数据分类分级工具，确保工具能够适应不断变化的数据环境。同时，利用自然语言处理、机器学习等技术，提高敏感数据宽度和精度的识别率，降低人工干预和误差。

三是专业人员复用与培训。与数据安全厂商建立合作关系，复用其专业人员和技术资源，并设立培训计划，共同推进公共数据分类分级工作。同时，加强与数据安全厂商的沟通与协作，共同解决分类分级过程中遇到的问题和挑战。

四是全链路数据支持与行业覆盖。确保数据分类分级工作不仅覆盖结构化数据，还能够处理非结构化数据，对数据的收集、存储、处理、利用等全链路进行支持，确保数据的完整性和一致性。同时，扩大数据分类分级的行业覆盖范围，确保公共数据能够满足各行业的实际需求。

（3）数据资源传输安全

数据传输是确保数据安全的重要环节，也是发生数据安全事件，如数据泄露窃取、篡改等比较频繁的过程。特别是在工业互联网行业，由于其复杂性和多元性，数据传输的安全性更是需要充分重视。

为防止数据泄露，采取加密保护和安全防护措施，如明确负责数据传输安全工作团队的职责和工作流程；在数据传输通道的两端进行严格的身份鉴别；根据业务场景和数据分类分级的结果，制定合适的数据加密传输方案；对数据传输接口进行梳理，形成接口管控清单，明确各个接口的用途和责任方；对日志进行实时监控和审计，及时发现异常行为和安全威胁。

（4）数据资源存储安全

数据存储加密防护面临一些挑战，尤其是对流转中数据的加密保护，要确保数据不被泄露或篡改。这里的数据包括结构化与非结构化等类型。一般来讲，结构化数据通常存储在关系型数据库中，具有固定的字段和格式；非结构化数据，格式多样，包括文档、图片、视频和音频等，没有固定的结构。结构化数据和非结构化数据具有不同的特点，对它们的加密处理方式也有所不同。

为解决数据存储安全，对于结构化数据，一般会使用数据库加密技术；针对非结构化数据，则会使用文件加密技术。

（5）数据资源使用安全

数据使用阶段是数据安全的关键环节之一，因为这一阶段涉及内部的数据操作以及与外部的数据交互，增加了数据泄露、篡改或滥用等风险。

数据使用阶段的安全总体目标是为了在充分开发利用数据资源、释放数据价值的同时，确保数据的安全性和隐私保护。在此阶段，应基于数据分类分级情况，建立不同类别和级别的数据使用审批流程及安全评估机制；使用数据脱敏能力，实现不同类别、不同级别的数据脱敏；对各类数据处理活动进行日志记录和监控审计等。通过构建数据安全保障体系，从管理体系、技术防护体系进行全方位防御，切实保障数据在使用过程中的安全。

（6）数据资源共享安全

数据共享交换安全防护技术体系是一个多层次、全方位的防护体系，旨在确保数据在共享交换过程中的安全性和保密性。数据共享交换安全防护技术体系，主要针对数据脱敏、数据溯源、数据留存期限、监控审计、共享接收方的身份识别、共享平台或接口的访问控制等内容制定相应的安全管理策略，从安全服务、共享交换平台防护、数据防护和应用防护等方面对数据共享交换进行安全保密防护。

3. 人工智能安全

人工智能的安全治理需要从多个维度进行考虑和实施，包括基础设施安全、算法模型、数据安全与隐私保护、产品和应用以及安全测评等。通过建立跨学科团队、加强国际合作、提高公众认知、鼓励技术创新、完善法律法规等措施，可以有效地保障人工智能的安全发展，降低其带来的安全风险①。

---

① 全国信息安全标准化技术委员会：《人工智能安全标准化白皮书（2023 年）》〔EB/OL〕，（2023.5）〔2023.5〕。

（1）基础安全

人工智能系统包括云侧、边缘侧、端侧和网络传输等部分，人工智能基础设施面临软件框架漏洞、传统软硬件安全等方面风险，除服务接口安全、软硬件安全、服务可用性等传统网络安全需求外，需要结合人工智能特有安全需求和特殊系统安全需求，针对人工智能的基础组件、系统和平台等基础设施，如开源算法框架、代码安全、系统安全工程等，以加强人工智能信息系统的安全。

人工智能开源框架安全，主要针对人工智能服务器侧、客户端侧、边缘侧等计算、运行框架提出安全要求，除开源框架软件安全、接口安全、传统软件平台安全要求外，应针对人工智能开源框架的特定安全要求，保障人工智能应用在训练、运行等环节的底层支撑系统安全。

人工智能系统安全工程，主要针对安全需求分析、设计、开发测试评估、运维等环节的安全需求，从数据保护、模型安全、代码安全等方面，针对隐私保护、模型安全等突出风险，进行人工智能应用安全开发安全防护。

人工智能计算设施安全，主要针对智能芯片、智能服务器等计算设施的安全需求。

人工智能安全技术，主要针对人工智能安全保护和检测技术，如基于隐私保护的机器学习、数据偏见检测、换脸检测、对抗样本防御、联邦学习等。

（2）算法模型安全

考虑到人工智能算法模型面临鲁棒性、对抗样本攻击等方面的安全挑战，需要从人工智能算法模型安全需求出发，充分考虑我国应用的人工智能算法模型在鲁棒性、可信度方面的要求，加强人工智能算法模型安全指标，算法模型安全评估要求和算法模型可信赖度的研究。

算法模型可信赖度主要围绕算法模型鲁棒性、安全防护、可解释性和算法偏见等安全需求，解决算法在自然运行时的鲁棒性和稳定性问题，提出面向极端情况下的可恢复性要求及实践指引，通过实现人工智能算法模型的可信赖，切实保障人工智能安全。

（3）数据安全和隐私保护

人工智能数据的完整性、安全性和个人信息保护能力是保障人工智能安全的重要前提，需要针对数据安全与隐私保护风险开展防护，一是针对人工智能数据集面临的数据投毒、逆向攻击、模型窃取等突出问题，围绕人工智能数据生命周期，保障数据标注过程安全、数据质量，进行人工智能数据集的安全管理和防护，降低人工智能数据集安全风险。二是隐私保护围绕人工智能开发、运行、维护等阶段面临的隐私风险，从隐私采集、利用、存储、共享等环节保护人工智能隐私安全，重点防范因隐私数据过度采集、逆向工程、隐私数据滥用等造成的隐私数据安全风险。

（4）产品和应用安全

人工智能产品和应用范围很广，产品和应用具有复杂度高、受攻击面广、安全能力不同的特点，保障人工智能技术、服务和产品在具体应用场景下的安全，可重点面向自动驾驶、智能门锁、智能音响、智慧风控、智慧客服等应用成熟、使用广泛或安全需求迫切的领域进行安全能力建设。另外，人工智能依托数据和算法模型、基础设施实现，具有组成体系复杂、风险维度多样、供应链复杂、安全运营要求高的特点，需要面向从事人工智能研究、应用的主体及人工智能产品和应用，形成人工智能安全风险管理、供应链安全管理、安全运营等一体化防护能力。

（5）安全测评

安全测评主要从人工智能算法、人工智能技术和系统、人工智能应用等方面分析安全测评要点，提炼人工智能安全测评指标，分析应用成熟、安全需求迫切的产品和应用的安全测评要点，形成人工智能算法模型、系统安全、应用风险等基础性测评标准。

人工智能安全测评指标主要根据人工智能安全要求及具体对象安全需求，提炼人工智能安全测试评价指标，为开展人工智能安全测评奠定基础。其中，人工智能算法模型安全测评主要围绕人工智能算法是否满足安全要求开展，人工智能系统安全测评主要围绕人工智能系统运行是否满足安全要求开展，人工智能应用安全风险评估主要围绕人工智能应用是否满足安全要求开展。

4. 持续有效运营

数据安全运营是确保管理体系落地的重要手段，它旨在通过一系列运营手段，对数据的全生命周期进行全面的安全管理和监控。因此，需要从"数据资产管理、安全合规管控、安全风险监测与预警、安全事件处置闭环、安全评估优化"多个维度来建设运营手段，量化每个维度的数据安全运营体系建设指标，明确数据运营体系中哪些方面做得好，哪些方面需要改进和优化。根据评估结果，可以针对性地制订改进计划，进一步丰富和提升数据安全建设的完整性和成熟度，构建以"管理运营为抓手、技术保障为支撑、监测预警为核心、协同响应为目标"的数据安全运营体系。

（1）实现数据资产有效管理

数据资产的有效管理是指通过一系列的策略、流程和技术手段，确保数据的质量、安全性、可靠性和一致性，从而为组织提供更好的数据驱动的洞察和决策支持，以及更落地的安全保护策略，为客户的安全管理进行保驾护航。

①数据安全规划

为确保数据安全管控具体落地部署见效，结合国家制定的相关法律法规、安全组织现状、网络安全现状和业务安全防御现状，进行数据安全部署优化和安全规划。

②数据资产发现

发现并梳理网络环境内的数据资产是一项重要的任务，旨在识别、定位和分类组织内的数据资产，以便为其提供更好的管理和保护。通过数据探查和数据映射，梳理组织内的数据资产，这包括识别数据的来源、数据的流向、数据的处理方式和数据的使用场景。通过梳理过程，可以全面了解组织内的数据资产，并发现潜在的数据问题或冗余的数据，以形成数据资产视图。

③数据分类分级

在完成数据资产的梳理和定位后，按照"就高不就低"的原则进行分类分级是非常重要的，这一原则确保了对数据的最高级别保护，降低了数据泄露或不当使用的风险。

通过数据分类分组，实现对数据资产的精细化管理，确保数据的合规使用和处理，提高数据的安全性和可靠性。同时，优化业务权限管理能够进一步减少潜在的安全风险，提升组织整体的数据安全水平。

④重要/敏感数据识别

重要/敏感数据的识别是一个持续的过程，需要结合技术和人工手段，确保关键数据不被泄露或滥用。在数字化时代，保护重要/敏感数据不仅关乎个人隐私和组织安全，更是国家安全的重要组成部分。通过参照相关法律法规以及行业规范，依据业务需求对重要/敏感信息进行定义，对包含该类数据的链接、库表、文件等进行定位，通过专业的技术人员与安全工具共同作用，梳理出重要/敏感数据目录。

⑤数据权限梳理

基于多类场景进行业务账号权限的梳理，是一个全面而细致的过程，确保每个账号都具有完成其工作任务所需的必要权限，避免权限过大或不足带来的风险。在梳理过程中发现的问题和异常情况应及时处理和纠正，以确保业务系统的安全和稳定运行。

（2）实现数据安全管控合规有效

为有效地推进有组织的数据安全管控工作，需要基于国内外数据安全相关监管要求、业界数据安全治理相关方法论和架构体系来制定相应的策略，如数据分类分级策略、风险监测策略和数据保护策略等。

为在业务系统中实现良好的流程渗透，并确保安全保障措施的落实，真正实现安全管理和安全技术交叉互融，通过集中化的管控，对数据传输安全、数据库防护安全、数据终端安全等进行重点保护，通过安全产品或工具的执行效果进行策略的优化、安全事件的审查、安全管理以及安全事件报告等，提高安全设备的最佳运营能力，实现资源的统一调度和集中管控，提升运营服务效果。

（3）实现数据风险有效监测与预警

持续监测数据流转风险，并针对产生的安全事件告警进行应急响应与事件处置，同时进行事件溯源取证，是确保数据安全的重要环节。

①场景化风险监测

通过对敏感数据流转场景的有效监测和审计，并对违反预设监测模型的异常访问行为进行告警及通报，组织可以大大减少敏感数据泄露和其他数据安全风险的可能性。然而，仅仅依赖监测和审计是不够的。还需要与其他数据安全措施相结合，如加密、数据脱敏、访问控制等，以提供一个全面的数据安全保障方案。

②深度风险分析

基于异常行为规则和敏感信息访问规则，结合用户与实体行为分析（User and Entity Behavior Analytics，UEBA）技术，可以有效地实现用户异常行为及敏感信息访问分析、异常访问分析和操作行为分析。通过前序、后续页面操作的关联分析，可以提升证据的准确性，协助定位安全事件，发现安全事件责任人，发现共享数据泄露源，并协助用户有效降低数据泄露和其他安全风险，同时确保业务的正常运行。

③预警审计

为满足数据全生命周期的各项安全管理要求，组织需要建立一个统一的数据安全监控审计平台，预警审计的目标是在数据安全事件发生之前或刚刚发生时，通过收集和分析审计数据，识别出潜在的安全威胁，并及时发出预警，以便组织能够迅速采取措施防止或减轻潜在的损失。预警审计一般包括日常审计和专项审计。

日常审计是确保组织数据安全的重要环节，主要针对账号使用、权限分配、密码管理、漏洞修复等日常工作进行安全管理和监督。通过日常审计，组织可以及时发现潜在的安全风险和问题，并采取相应的措施进行处置，从而确保数据的安全性和完整性。

专项审计是一种针对特定业务线或特定数据安全领域的深度审计。通过专项审计，组织可以全面了解其在数据安全各方面的执行情况，及时发现并解决存在的问题，从而提升数据安全工作的整体水平。同时，定期的专项审计也有助于组织适应不断变化的威胁环境，保持数据安全策略的有效性。

（4）实现数据安全风险事件处置闭环

组织可以建立一套完整的数据安全应急处置机制，这有助于及时发现并解决数据流转过程中的安全问题，形成数据安全事件处置闭环，减少潜在的损失，提高组织的数据安全性。同时，持续的应急演练和经验总结也有助于提升组织的应急响应能力，确保在面临安全威胁时能够迅速、有效地应对。

①数据安全事件应急处置

在面对正在发生的各类数据安全攻击警告和威胁警报时，组织需要迅速采取紧急处置措施，以阻断数据安全威胁并减轻潜在的损失。

②数据安全事件复盘整改

应急处置完成后，组织需要开展全面的复盘分析，以明确事件发生的根本原因，总结应急处置的经验教训，并采取措施防止类似事件的再次发生。同时，持续完善应急预案和整改计划也有助于提高组织的整体数据安全水平。

③数据安全应急预案宣贯宣导

为降低发生类似数据安全事件的风险，组织需要定期开展应急预案的宣贯宣导工作。这一工作应根据数据安全事件的类别和级别，有针对性地在相关业务部门或全线业务部门进行，确保员工充分了解并熟悉应急预案的内容和流程，从而在发生数据安全事件时能够迅速、准确地响应，这有助于降低发生类似数据安全事件的风险，并提高组织的整体数据安全水平。

（5）实现重点专项安全保障

①重要时期安全保障

重要时期安全保障是为确保在重大活动、节假日等关键时期，数字基础设施和信息系统能够安全、稳定地运行。其方式主要是主管部门和各政务部门通过线下人员驻场或线上托管服务，结合现网安全设备进行网络安全的监测、分析和处置工作，实现 7×24 小时持续的安全保障服务。

②安全专项保障

由公安、网信或网络安全主管部门组织开展的实战演练活动，是为检验和提高组织在面对真实网络安全威胁时的应对能力。各防守单位需要按照资产管理、漏洞管理、威胁管理、响应处置等环节开展相应的备战、迎战、实战和总结。

（6）实现数据安全运营稽核与优化

为确保数据安全，组织需要建立一套完整的数据安全治理体系，并进行持续的优化和改进。通过建立面向安全策略、安全风险、安全事件的指标分析，对数据安全运营情况进行整体稽核，根据稽核考核结果进行持续完善和优化，并对组织的数据安全治理能力进行评估分析，总结不足并动态纠偏，实现数据安全治理的持续优化及闭环工作机制的建立。

①数据安全成熟度差距分析

在进行数据安全管理的对标分析时，需要全面考虑管理制度、组织结构、技术防护体系等方面的内容，以确保与国家和行业的最佳实践保持一致。根据分析查找的差异，与现有的业务系统相结合，制订有针对性的数据安全优化方案及整体提升计划，指导组织后期数据安全建设的方向。

②数据安全风险评估

为确保数据安全，组织需要定期进行数据安全风险评估，包括数据安全相关系统风险分析、数据系统脆弱性识别、威胁识别、敏感数据定位、数据价值分析、系统及数据业务平台风险分析等，以识别和评估潜在的安全风险。

（7）实现数据安全全面赋能

安全意识和安全技能是保障数据安全的两个关键因素，需要对人员进行数据安全意识的普及，提升整体的安全认知水平与基本安全技能的掌握程度。

①数据安全意识培训

为提高整个组织的安全意识和数据安全防护能力，全面提升员工数据安全意识以及加强教育至关重要。通过安全意识培训，使组织员工充分了解既定的安全策略，从典型案例中吸取经验教训、培养安全习惯，提升组织整体的安全认知水平。

②数据安全技能培训

安全技术培训偏重于数据安全治理的技术能力的实现和工具的使用，包括安全技术体系、常用的加密算法、身份认证、日志审计、安全配置策略、代码安全、数据保护技术、网络访问控制、漏洞/威胁分析方法、风险评估方法等。

③数据安全标准宣贯

数据安全标准宣贯主要根据国家下发的一系列数据安全法律法规和

制度标准如《数据安全法》《个人信息安全保护法》《数据安全成熟度模型》等，提供数据安全标准的解读和宣贯，确保员工更好地理解数据安全需要建设的内容，并确保组织的合规性。

第三节　个人信息保护

数字经济时代下，数据资源的价值和作用变得越来越重要。数据创新赋能体现在对产品和服务的创新上。通过对数据的分析和挖掘，组织可以更好地了解用户需求和行为，从而开发出更符合市场需求的产品和服务，但同时也带来了个人信息泄露的风险。

总体来看，个人信息泄露呈现出"高损化""高频化""高显化"三大特征。"高损化"体现在当个人信息或敏感数据丢失或泄露时，不仅会给组织带来直接和间接的经济损失，还可能引发一系列严重的后果，如引发用户不满、社会动荡，乃至威胁国家安全；"高频化"体现在组织正在遭受有针对性的大规模高频率攻击，这些攻击不仅能够快速找到防御体系中潜藏的漏洞和薄弱区，还能模拟合法行为模式以绕开和躲避安全工具，让组织防不胜防；"高显化"是一个与时代发展紧密相关的现象，在自媒体时代，信息的传播速度和范围都得到了极大的扩展，数据泄露事件一旦发生，很容易成为公众关注的焦点，对组织产生巨大的负面影响。

2021年11月1日，《个人信息保护法》正式施行。该法是中国在个人信息保护方面取得的重要进步，它对个人信息处理规则、跨境提供规则、个人权利、个人信息处理者义务、法律责任等方面作出了明确规定，有助于规范个人信息处理活动，保护个人隐私和信息安全。同时，体现了国家层面对个人信息保护的重视，也是中国法制建设与国际接轨的有力举措。该法借鉴了国际立法经验，结合本国经济社会实际，充分体现了中国智慧。该法有助于提高个人信息保护水平，增强个人权益保障，促进经济社会稳定发展，也将对全球个人信息保护法律的发展产生积极影响。

一、个人信息主体权利

（一）信息知情权

个人信息主体依法享有对其个人信息的查阅、复制、更正、删除等权利，以及在个人信息处理活动中获悉其个人信息处理情况的权利。这包括确认个人信息数据库中与个人信息主体相关的信息，以及查询个人信息收集、处理、使用、利用情况及个人信息质量等相关信息。

（二）信息支配权

在处理个人信息时，必须获得个人信息主体的明确同意，这一同意应当通过签字或盖章的方式进行正式确认。个人信息主体拥有修改、删除和完善与其相关的个人信息的权利。个人信息主体还有权决定其个人信息的用途，确保个人信息主体对其个人信息的知情权和自主权得到尊重。

（三）信息质疑权

个人信息主体有权质疑与之相关的个人信息的准确性、完整性和时效性；个人信息主体有权质疑或反对与之相关的个人信息管理目的、过程等，如果个人信息管理目的、过程违背了个人信息主体意愿或其他正当理由，个人信息主体有权要求停止个人信息管理活动、行为或提出撤销该个人信息，停止或撤销应经个人信息主体确认。

二、个人信息管理义务

与个人信息相关的行业企业，需要提高对个人信息保护工作重视程度，依照个人信息保护法要求，建立起行之有效的保护体系。基本措施如下。

（一）建立和完善相关的组织机构

《个人信息保护法》为个人信息保护提供了有力的法律武器。通过制订和落实相关保护计划，加强组织、制度和措施的建设，个人信息的安全才能得到依法保证。这不仅有利于个人权益的保护，也有利于促进经济社会的发展和稳定。

（二）加强个人信息保护技术的应用

数字经济时代，数据资源的重要性愈发凸显，而数据资源的共享也成为产生高附加值的重要原因之一。随着大数据、云计算、区块链等新技术的应用，网络"边界"变得模糊，使得个人信息保护面临更大的挑战。传统的信息安全保护思路是注重固定"边界"的攻防，但这种思路已难以满足当前个人信息保护的需求。在新的安全威胁下，我们需要采用新的信息安全保护思路和技术手段，如加密与去标识化技术，以有效应对新的安全威胁。

（三）落实个人信息处理者责任

个人信息安全事件的频发与追责不力有很大关系。为了加强个人信息安全保护，除了出台相关法律外，还需要落实责任，建立完善的责任追究机制。如设立个人信息保护责任人、设立奖惩制度等，只有通过落实责任和建立奖惩制度，才能确保个人信息安全得到有效保障。

三、个人信息保护重点

（一）个人信息收集

1. 收集个人信息的合法性

个人信息管理者在收集个人信息过程中遵循诚信原则，如合法性原则、透明性原则、必要性原则、同意原则等，不能以欺诈、诱骗、误导的方式或从非法渠道收集个人信息，应如实告知用户收集个人信息的目的、方式和范围，以确保个人信息的合法、公正和透明处理。

2. 收集个人信息的最小必要性

在收集个人信息时，管理者必须确保所收集的信息与实现产品或服务的业务功能直接相关，并且是必要的。这意味着，在设计产品或服务时，需要充分考虑所需收集的个人信息类型，充分考虑信息的必要性。

对于自动采集个人信息的情况，管理者需要仔细评估并设置合适的采集频率，采集频率应设为实现业务功能所必需的最低频率，避免因过度采集导致的资源浪费和用户隐私泄露问题。对于间接获取个人信息的情况，管理者同样需要遵循"必要性"原则，只获取实现业务功能所必需的最少数量的信息，避免过度收集或滥用数据。

3. 不强迫接受多项业务功能

作为个人信息管理者，企业在提供产品或服务时，应当尊重用户的自主意愿，赋予用户选择权，不得以强制的方式要求用户提供不必要的个人信息，不得强迫个人信息主体接受产品或服务所提供的业务功能。用户有权选择是否同意提供个人信息，企业不得以此作为提供产品或服务的条件。

4. 收集个人信息时的授权同意

个人信息管理者收集个人信息时，告知和同意原则是个人信息处理的基础，必须向个人信息主体明确告知收集、使用个人信息的目的、方式和范围，并获得其自愿的、具体的、知情的、可撤回的授权同意。对于个人敏感信息的处理，需要更加严格的标准，必须征得个人信息主体的明示同意，特别是不满 14 周岁的未成年人，必须征得其监护人的明示同意才能收集和处理他们的个人信息。

间接获取个人信息是指企业并非直接从个人信息主体处获取信息，而是通过其他渠道或方式获取，如购买、交换或第三方提供等。当个人信息管理者间接获取个人信息时，他们需要确保个人信息提供方已经获得了合法的授权同意，并且详细了解该授权同意的范围。如超出该授权同意范围的，应在获取个人信息后的合理期限内或处理个人信息前，再次征得个人信息主体的明示同意①。

（二）个人信息保存

1. 个人信息保存时间最小化

根据我国相关法律法规，个人信息保存期限仅需实现个人信息主体授权使用的目的，应当为所必需的最短时间，不得无故延长保存期限，另有规定或另行授权除外。一旦个人信息的使用目的实现，持有者有义务对个人信息进行及时删除或匿名化，以保护个人隐私和数据安全。

2. 去标识化处理

收集个人信息后，个人信息管理者应立即进行去标识化处理，目的是降低数据泄露的风险。这一步对于防止数据滥用和侵犯个人隐私具有重要意义。另外，还要采取技术和管理方面的措施，包括但不限于加密、访问控制、数据备份等，确保去标识化后的信息在存储、传输和使用过

---

① 《信息安全技术 个人信息安全规范》［S］，GB/T 35273 - 2020。

程中不被泄露、篡改或丢失。此外，管理者还需分开存储去标识化后的信息和用于恢复识别个人信息，进一步降低数据泄露的风险。

3. 个人敏感信息的传输和存储

个人敏感信息和生物识别信息由于其高度的私密性和敏感性，需要采用加密等技术手段来防止数据泄露和滥用，通过使用强加密算法和密钥管理，确保数据在传输过程中不被窃取或篡改。在存储生物识别信息时的常见做法是分开存储或仅存储摘要信息，即使某个存储位置被攻破，攻击者也无法同时获取所有的敏感信息，可有效降低数据泄露的风险。

4. 个人信息管理者停止运营

当个人信息管理者的产品或服务停止运营时，应及时停止继续收集个人信息，这样有助于防止个人信息被无谓地扩大使用范围。在停止运营之前，个人信息管理者有义务将这一情况通知个人信息主体，通知可以采用逐一送达或公告的形式，以确保个人信息主体了解运营停止的相关信息。停止运营后，应进行个人信息删除或匿名化处理。

（三）个人信息使用

1. 个人信息访问控制措施

通过制定严格的访问控制策略，明确界定不同角色的权限，可以确保个人信息的安全。权限应仅授予履行职责所必需的人员，并限制他们对信息的访问和处理。对于关键操作，应设置内部审批流程。对于敏感信息的访问和修改，应根据业务流程需求进行授权。超出权限的操作需经过审批和备案，以避免滥用和信息泄露。

2. 个人信息的展示限制控制措施

涉及通过屏幕、纸面等公开展示个人信息的情况，应采取去标识化处理。在展示过程中，管理者需要对内部人员进行权限控制，确保只有经过授权的人员才能查看和操作个人信息。此外，对于外部人员，可以通过设立访问权限、签署保密协议等方式，确保他们只能在授权范围内访问个人信息。

3. 个人信息使用目的控制措施

使用个人信息时，不能超出收集个人信息时获得的授权同意范围。因业务需要，确需超出授权同意使用个人信息的，要再次征得个人信息主体明示同意。个人信息经过加工处理可能会产生新的关联信息，若关联信息能单独或与其他信息结合识别出自然人的个人身份，或者反映其个人活动情况，应遵循收集个人信息时获得的授权同意范围处理。

4. 用户画像的使用控制措施

在处理和使用个人信息时，应当消除个人信息的明确身份指向性，避免能够精确定位到特定个人，征得个人信息主体授权同意所必需情况除外。如在开展个人信用状况评估时，为达到准确评价的目的，可使用直接用户画像，对个人身份、行为、兴趣等方面的详细描述。但用于向个人推送商业广告时，则最好使用间接用户画像，不具有明确的身份指向性，形成一个相对模糊的用户群体轮廓。

5. 信息系统自动决策机制的使用控制措施

个人信息管理者在业务运营过程中使用具备自动决策机制的信息系统，需对系统在个人信息安全和权益的影响上进行全面的评估。评估在系统规划、设计、首次使用前和定期（每年至少一次）使用过程中都要进行，以确保信息的安全与合规。同时，应向个人信息主体提供针对自动决策结果的申诉渠道，使个人信息主体在有异议时能提出申诉并得到人工复核。通过申诉和人工复核，管理者能及时发现并纠正决策错误，以保护个人信息主体的权益。

6. 个人信息查询

向个人信息主体提供查询其个人信息的方法，是个人信息管理者履行透明度和信息主体权益保障义务的重要举措。查询服务应准确、全面，以促进个人信息保护和利用的平衡发展。信息内容主要包括：个人信息或个人信息的类型、个人信息的来源、所用于的目的等。

7. 个人信息更正

若发现所持有的个人信息存在错误或不完整的情况，个人信息管理者应积极提供请求更正或补充信息的方法，并及时处理和响应信息变更，确保个人信息的准确性和完整性，维护个人权益和信任。

8. 个人信息删除

当个人信息管理者违反法律法规规定或与个人信息主体的约定时，应当承担相应的法律责任，并采取措施保护个人信息主体的权益。在个人信息主体要求删除其信息的情况下，个人信息管理者应当及时删除相关信息，并确保删除操作的有效性和彻底性。在个人信息管理者违规向第三方共享、转让个人信息，且个人信息主体要求删除的情况下，个人信息管理者应立即停止共享、转让的行为，并通知第三方及时删除。当个人信息管理者违规公开披露个人信息，且个人信息主体要求删除的，个人信息管理者应立即停止公开披露的行为，并发布通知要求相关接收方删除相应的信息。

9. 个人信息主体注销账户

个人信息管理者在提供基于注册账户的服务时，应确保个人信息主体能够方便地注销账户，并及时删除或匿名化处理其个人信息。

10. 个人信息主体获取个人信息副本

根据个人信息主体的请求，个人信息管理者在提供个人信息副本时，应遵循透明性、合法性和安全性的原则。所提供的个人信息副本内容应涵盖个人基本资料、个人身份信息、个人健康生理信息、个人教育工作信息等，确保个人信息主体能够全面了解其所持有的个人信息详情。此外，在确保安全的技术条件下，个人信息管理者可将以上类型的个人信息副本传输给个人信息主体指定的第三方。

（四）个人信息的委托处理

在委托处理个人信息时，个人信息管理者应确保委托行为符合法律法规和行业标准要求，对委托行为进行个人信息安全影响评估，确保受委托者达到相应的数据安全能力要求。如因特殊原因未能遵循指示，应及时向个人信息管理者反馈，在委托关系终止时，不再保存个人信息。同时，通过合同等方式规定受委托者的责任和义务，或以审计的方式对受委托者进行监督，以保障个人信息安全。这些措施有助于维护个人信息主体的权益，促进个人信息的合规、安全使用。

（五）个人信息共享、转让

个人信息管理者在共享和转让个人信息时，应充分重视风险，并采取一系列措施来保护个人信息主体的权益。这包括进行个人信息安全影响评估、向个人信息主体明确告知和征得同意、采取去标识化处理、准确记录和保存共享或转让情况，以及承担相应责任并提供帮助给个人信息主体等。在共享或转让个人信息时，务必准确记录和保存共享、转让情况，包括日期、规模和目的，以及数据接收方的基本信息。这些措施有助于确保个人信息在共享和转让过程中的安全性和合规性，维护个人信息主体的权益。

（六）个人信息公开披露

个人信息原则上应该受到保护，并且不应该被随意公开披露。然而，在某些特定情况下，个人信息管理者可能需要公开披露个人信息的，应该遵循合法、合理、透明、负责任的原则，确保个人信息主体的权益得到充分保护。在这种情况下，个人信息管理者应该注意以下六点。一是法律授权或合理事由。公开披露个人信息的行为须符合法律法规要求，且具备合理性。二是个人信息安全影响评估。在决定公开披露个人信息之前，开展个人信息安全影响评估，对个人信息主体的权益可能造成的影响、公开披露的必要性等方面进行全面分析。三是告知与征得同意。在公开披露个人信息之前，应明确告知披露目的、类型等，并征得个人信息主体的明示同意，确保个人信息主体的知情权和自主选择权。四是告知个人敏感信息内容。在公开披露之前，应明确告知涉及的个人敏感信息的内容。五是准确记录和保存公开披露情况。准确记录和保存公开披露的日期、规模、目的、公开范围等具体情况。六是承担相应责任。在公开披露中，若因个人信息管理者的疏忽或不当行为导致个人信息主体受到损害，个人信息管理者应该承担法律责任。

（七）个人信息跨境传输

根据《数据出境安全评估办法》，向境外提供的在我国境内运营中收集和产生的个人信息和重要数据需按照规定进行安全评估，个人信息管理者需认真履行相关规定和要求，旨在防范数据出境安全风险，保障数据依法有序自由流动。

（八）个人信息安全事件处置

1. 个人信息安全事件应急处置和报告

个人信息管理者应该制定详细的个人信息安全事件应急预案，明确应急响应流程和责任人。预案应考虑到各种可能发生的个人信息安全事件，并制定相应的应对策略。同时，为了确保相关人员能够有效应对个人信息安全事件，个人信息管理者应该定期组织开展应急演练，使相关人员熟练掌握应急处置流程，提高应急响应能力。

一旦发生个人信息安全事件，个人信息管理者应该立即评估发现人员、时间、地点、影响范围、影响程度等内容，采取必要措施控制事态，消除隐患。

另外，根据应急预案，个人信息管理者应及时按照《国家网络安全事件应急预案》等有关规定上报事件情况。事件可能对个人信息主体造成较大影响，如个人信息泄露，个人信息管理者还应该及时告知个人信息主体，并提供必要的补救措施。

2. 安全事件告知

个人信息管理者在处理个人信息时，应当采取合理、必要的措施，确保个人信息的安全。如果发生了个人信息泄露等安全事件，个人信息管理者应当及时采取措施，以防止事态扩大，并及时告知受影响的个人信息主体。

如难以逐一告知个人信息主体，个人信息管理者应该采取合理、有效的方式发布与公众有关的警示信息，告知内容应包括但不限于安全事件的内容和影响、已采取或将要采取的处置措施、个人信息主体自主防范和降低风险的建议、针对个人信息主体提供的补救措施、个人信息保护负责人和个人信息保护工作机构的联系方式等。

第四节　安全治理实践

一、数字政务

数字政务作为推进国家治理体系和治理能力现代化的先导工程，其本质是将数字技术充分融入各级党政机关，是电子政务的升级版和数字政务的再拓展。因此，应筑牢可信可控的数字政务安全屏障，全面护航数字政务安全稳步发展，提升政府领域治理精细化智能化水平[①]。

---

① 《数字安全能力洞察报告》[EB/OL]，中国软件评测中心、杭州安恒信息技术股份有限公司，2023 年 5 月 12 日，https：//www.cstc.org.cn/info/1365/247807.htm。

（一）数字政务安全难点

1. 安全管理落到实处难

数字政务在地域运营方面具有鲜明的特征，通常由特定的实体负责管理。然而，在数字政务的建设和运营过程中，一些单位可能重点关注数字经济的快速发展，而忽略了安全规划和管理建设的重要性，这可能导致数字政务的安全管理工作滞后于数字政务的发展水平，从而带来安全风险。

2. 数据安全监管精准把控难

在数字政务中，大量的数据被归集和共享，如何确保这些数据的安全，防止数据泄露、被篡改或滥用，是一个重要的挑战。同时，随着大数据技术的不断发展，如何进行有效的数据安全监管，防止数据安全事故的发生，也是数字政务面临的一个重要问题。

3. 安全运营整体统一难

在数字化转型过程中，城市信息化建设面临着诸多挑战。由于城市的各职能部门建立了各自的信息系统，这些系统在运行、数据格式、业务流程、安全手段、资金投入等方面存在较大差异，这导致了城市中存在多个安全孤岛的问题。虽然安全的独立建设可以保障单个信息系统的安全，但在数字化转型的环境下，信息系统的高度互通使得数据安全的风险来自四面八方。

4. 个人信息全面保护难

在数字政府建设中，保护个人信息是一个重要的议题。为了平衡数字政府的建设和公民个人信息的保护，需要建立个人信息保护专门行政管理规范，建立个人信息保护的技术体系，加强对侵犯个人信息行为的处罚力度，同时提升公民个人信息保护意识。通过这些措施的落实，实现数字政府建设与个人信息保护的良性互动，既推动数字政府的建设发展，又保障公民个人信息安全，维护公民的合法权益。

5. 安全专业人才缺口大

数字政府的建设离不开大量具备安全相关技能的人才。然而，数字政府安全人才却出现了严重短缺，主要原因包括需求与供给不匹配、技术更新换代快、复合型人才的缺乏、激励机制不完善以及国际竞争激烈等。为了解决这一问题，需要政府、企业和社会各方共同努力，加强人才培养、完善激励机制、促进国际合作与交流等措施，以吸引和留住更多的优秀数字政府安全人才。

（二）数字政务安全能力构建

1. 进一步完善数字政务制度规范体系

（1）健全网络和数据安全责任体系

严格落实《网络安全法》《数据安全法》《个人信息保护法》《关键信息基础设施安全保护条例》《网络安全审查办法》等法律法规及有关文件要求，各单位应坚持"谁主管谁负责、谁建设谁负责、谁运行谁负责、谁使用谁负责"的原则，明确各相关人员的责任，建立完善的管理制度和安全保障体系。同时，在解决网络安全人力、财力、物力保障及保护措施建设等重大问题方面，各单位应认真研究并制订相应的计划和方案。最后，各单位应一级抓一级，层层抓落实。通过建立健全全域安全统筹协调、督促检查、绩效审计、考核通报、责任追究等工作机制，确保各项措施得到有效执行，安全得到切实保障。

（2）完善管理制度规范

需结合技术能力及应用场景特点，建立数字政务安全管理标准、技术标准和运营标准，完善组织架构、岗位职责、管理运营等制度。同时，制定完善覆盖数据全生命周期的公共数据安全管理总则、分类分级管理、数据安全评估、数据共享、数据开放、数据脱敏、数据利用、数据销毁容灾备份等制度规范，确保数据安全。另外，还需健全电子政务外网、政务云安全运维管理、安全评估、密码服务、供应链和服务外包等制度。促进数字政务安全建设工作标准化、流程化、规范化，切实提高各地各部门做好数字政务安全保障工作。

2. 建立数字政务多层次安全技术体系

（1）提升网络主动防御能力

为了增强网络安全基础设施的安全防护，按照网络、边界、计算环境"三重防护"要求，建设网络安全纵深防御体系。

针对网络层安全防护，根据业务需求和安全级别，对网络进行合理的区域划分，并实施严格的访问控制策略，通过部署入侵检测系统，实时监测网络流量，发现并阻止恶意攻击和入侵行为。同时使用加密技术对敏感数据和重要通信进行加密，确保数据在传输过程中的安全性。

针对边界安全防护，在关键网络节点部署防火墙，对进出网络的数据流进行过滤和监控，防止未经授权的访问和恶意攻击。建立安全审计机制，收集和分析系统日志，及时发现异常行为和潜在的安全威胁。部署防病毒系统，定期更新病毒库，并对恶意软件进行实时检测和清除。

针对计算环境安全防护，对操作系统和应用程序进行安全配置，关闭不必要的端口和服务，减少安全漏洞。建立完善的数据备份和恢复机制，确保在发生安全事件或数据损坏时能够迅速恢复业务正常运行。确保机房和硬件设备的安全，防止未经授权的物理访问和破坏。

（2）实现多云统一管理能力

为了满足各级党政机关和企事业单位的上云需求，通过建设多云管理中心，提供多云统一管理及混合云场景的一站式安全防护服务。帮助各级党政机关和企事业单位"公平选云、安全上云、便捷管云、实惠用云"，协助政府及时掌握各单位上云情况、用云情况，确保上云科学化、数字化、精准化，推动各级党政机关和企事业单位加速上云，加快推动政府和企业数字化转型。

（3）建立应用系统统一保障能力

建设云安全中心、安全资源池及通用安全组件，能够为各级党政机关和企事业单位提供更加全面和高效的安全服务。通过强化应用系统安全防护和安全威胁监测预警能力，加强软件更新、漏洞扫描、配置核查、安全审计等安全措施，可以进一步保障数据安全和应用系统的稳定运行，提升整体的安全防护能力。

（4）保证政务终端安全保障能力

为了符合国家电子政务外网标准的要求，需要综合考虑系统安全管理、设备管控、恶意代码防范、数据防泄露、安全审计等防护措施，形成一个多层次的安全防护体系，确保终端接入的安全。同时，定期的安全评估和渗透测试也是必不可少的，以确保安全措施的有效性。

（5）强化数据安全全面保障能力

为了确保数据安全并满足《数据安全法》的要求，建立采集、传输、存储、处理、共享、销毁等覆盖数据全生命周期的安全保障。深化公共数据分类分级安全管理工作，制定重要数据保护目录，并通过建设数据安全技术防护体系，推进身份认证、授权访问、数据库防火墙、数据加密、数据脱敏、数字水印、数据审计、风险评估、态势感知等技术能力应用。同时，加强数据容灾备份设施建设，健全重要数据异地容灾备份制度，确保数据安全可靠可控可管。在数据交易过程中，要加强数据交易安全管理与监督保障，强化执法能力建设，严厉打击非法方式获取、出售或者非法向他人提供数据的行为。

3. 构建数字政务常态化安全运营监管体系

（1）组建安全运营专业组织

参与数字政务建设的各级各部门为确保网络和数据安全，应采取一系列措施，如组建覆盖网络和数据的安全运营团队，指定安全管理负责人，建立"管、监、察"分离的岗位职责以形成有效的制衡机制等，通过强化沟通协同、落实安全责任，保障组织体系架构的完整与规范。

（2）建立安全运营监管能力

一是建设统一监管运营平台，提升全域网络和数据安全态势感知能力。通过构建"云、网、数、用、端"安全整体态势感知和监测预警平台，可以实现对城市网络和数据安全的全面监控和预警。

二是优化异常行为感知能力，提升识别和监测异常行为能力。建设异常行为威胁感知平台是一个有效的手段，该平台主要依赖于全方位的日志数据和用户与实体行为分析技术，监测异常行为和内部威胁。

三是提升威胁情报分析能力，建立威胁情报共享机制。通过整合来自不同来源的威胁情报数据，进行关联分析，识别潜在的安全威胁和攻击路径，并利用大数据分析技术，对海量数据进行深度挖掘，提取有价值的信息，为威胁预警和应对提供支持。同时，加强情报共享与合作，共同应对网络和数据安全威胁。

（3）形成常态化安全运营机制

一是建立多部门协同监管机制，再造安全运营管理流程。明确各部门的职责和分工，制定协同监管的流程和规范，确保各部门之间的顺畅沟通和协作。通过建立全域网络和数据安全通报预警体系，实现安全隐患和事件管理闭环。同时，制定数据安全监管规范和安全数据共享格式标准，确保数据的合法、合规使用和共享。

二是落实数据安全管理制度规范，形成数据安全精细化管理。有序建立分类分级、脱敏加密、开发运维、共享开放、安全销毁、通报预警、安全检查、应急处置等运营能力，并制定工作指南，规范各环节管理、操作、审计等角色，分工协作完成数据全生命周期各阶段的安全工作。

三是探索创新数字政务领域的数字安全综合评价机制。构建网络安全全息档案，形成网络和数据安全评价指数，同时拓宽安全数据采集渠道，强化数据分析能力，实现网络安全综合评价指数的可采集、可计算、可分析、可展示以及结果运用。

二、数字制造

制造业作为国民经济的主体，在实施"互联网＋"行动和发展数字经济中占据着重要的地位。随着互联网与制造业的深度融合，制造业成为发展数字经济的主战场。然而，随着数字化转型的加速，数字制造中的安全问题也日益突出。

保障数字化制造的安全性需要从多个方面入手，包括加强数据安全、完善网络安全防护体系、强化供应链安全管理、增强人员安全意识和加强国际合作与交流等。只有这样，才能确保数字制造的安全稳定发展，为经济的高质量发展提供有力支撑。

（一）数字制造安全难点

1. 数据安全问题

数字制造过程中涉及大量数据，包括设计图纸、生产计划、工艺参数等，这些数据是企业的核心资产。然而，由于数据量大、流动性强、处理复杂，数据的安全保护面临诸多挑战，如数据泄露、数据篡改、数据滥用等。

2. 网络安全问题

随着工业互联网的普及，数字制造系统的网络安全问题日益突出。网络攻击可能导致生产线的停顿、产品质量的不稳定，甚至对人身安全造成威胁。此外，由于工业控制系统的复杂性和特殊性，安全防护手段的构建和维护也面临诸多困难。

3. 供应链安全问题

数字制造的供应链涉及众多环节，包括原材料采购、零部件加工、物流运输等。每个环节都可能存在安全隐患，如供应商的技术能力不足、产品质量不稳定等。如何确保供应链的整体安全稳定，是数字制造面临的难点之一。

4. 标准与技术难题

数字制造涉及的技术和标准众多，包括工业互联网、大数据、云计算、人工智能等。这些技术和标准不断发展变化，如何跟上这些变化，及时更新技术和标准，是数字制造面临的难点之一。同时，由于技术和标准的多样性，如何实现不同系统之间的互联互通和互操作，也是数字制造面临的难点之一。

5. 管理与法规难题

数字制造的管理和法规要求较高，需要建立完善的安全管理制度和法规体系。然而，由于数字制造的复杂性和动态性，如何制定科学合理的管理制度和法规体系，以满足数字制造的安全要求，是数字制造面临的难点之一。

（二）数字制造安全能力构建

1. 设备安全

设备安全是工业互联网和智能制造中非常重要的一环。为了确保工厂内单个智能器件以及成套智能终端等智能设备的安全，需要分别从操作系统/应用软件安全与硬件安全两方面出发部署安全防护措施。

（1）固件安全。固件安全是确保设备安全的关键环节，为了阻止恶意代码的传播和运行，设备供应商需要采取一系列措施来对设备固件进行安全增强，如操作系统内核安全增强、协议栈安全增强，并力争实现设备固件的自主可控。

（2）漏洞修复。漏洞修复是为了应对设备操作系统和应用软件中出现的漏洞，设备供应商需要采取一系列措施进行漏洞扫描、挖掘和修复，以发现操作系统与应用软件中存在的安全漏洞，并及时对其进行修复。

（3）补丁升级。补丁升级是应对设备安全漏洞的重要措施，为了确保设备的安全性，企业管理者需要密切关注现场设备的安全漏洞及补丁发布情况，并及时采取补丁升级措施。

（4）运维管控。运维管控是确保设备安全的重要组成部分，特别是对于现场网络的重要控制系统，企业应部署运维管控系统，实现对外部存储器（如 U 盘）、键盘和鼠标等使用 USB 接口的硬件设备的识别和严格控制。同时，注意部署的运维管控系统不能影响生产控制区各系统的正常运行。

2. 控制安全

对于控制安全防护，主要从控制协议安全、控制软件安全及控制功能安全三个方面考虑，可采用的安全机制，包括协议安全加固、软件安全加固、恶意软件防护、补丁升级、漏洞修复、安全监测审计等①。

（1）控制协议安全

身份认证。身份认证是确保控制系统安全的重要环节，它能够验证使用系统的用户身份，防止未经授权的用户访问和操作控制系统。

访问控制。访问控制是确保控制系统安全的重要手段，它能够限制不同用户对系统的不同功能和数据的访问权限。如未设置访问机制，可能导致任意用户可以执行任意功能。

传输加密。传输加密是确保控制系统通信安全的关键措施，通过采用适当的加密措施，可保护通信双方的信息不被未经授权的第三方非法获取。

鲁棒性测试。鲁棒性测试是确保控制协议在各种条件下都能稳定运行的重要环节。通过各种鲁棒性测试，可以发现协议中可能存在的问题和漏洞，提高其在工业现场的可靠性。

（2）控制软件安全

软件防篡改。软件防篡改是确保控制软件安全的重要环节，能够防止软件被恶意修改或破坏。主要包括：控制软件在投入使用前的代码测试以及完整性校验，对控制软件中的部分代码进行加密并做好控制软件

---

① 蒋融融、翁正秋、陈铁明：《工业互联网平台及其安全技术发展》［J］，《电信科学》，2020 年第 3 期，第 3—10 页。

和组态程序的备份工作。

认证授权。认证授权是确保控制软件安全的关键环节，它能够根据使用对象的不同设置权限，确保每个用户只能访问其所需的资源或功能，降低潜在的安全风险。

恶意软件防护。对于控制软件，主要采取恶意代码检测、预防和恢复的控制措施来实现对恶意软件的防护。

补丁升级。对一般、必要、重要的补丁要采取不同的升级策略，必要和重要的补丁需尽快测试和部署，同时更新控制软件的变更和升级，需要提前在测试系统中进行仔细验证，并制订详细的回退计划。

漏洞修复。及时修复控制软件中的漏洞或提供其他替代解决方案，如关闭非必需服务、关闭不必要端口、调整安全策略等。

协议过滤。采用工业防火墙对协议进行深度过滤，并对控制软件与设备间的通信内容进行实时跟踪，同时确保协议过滤不得影响通信性能。

安全监测审计。通过选择合适的监测审计平台，对控制软件进行安全监测审计，可及时发现网络安全事件，避免发生安全事故，并可为安全事故的调查提供翔实的数据支持。

（3）控制功能安全

确保功能安全和信息安全的协调是工业互联网中一项重要的挑战。要实现两者的有效协调，通常可采取以下措施。

控制软件的安全性。确保控制软件的设计和实现满足功能安全的要求，避免因软件缺陷或漏洞导致安全事件。

硬件设备的安全性。确保硬件设备的质量和可靠性，采取必要的防护措施，如防雷、防电磁干扰等，以保障设备的正常运行。

安全监控和检测。建立安全监控和检测机制，对控制系统进行实时监测和异常检测，及时发现并处置安全威胁。

安全审计和日志管理。实施安全审计和日志管理，记录系统和设备的运行状态和安全事件，以便进行事后分析和追溯。

安全控制策略。制定和执行安全控制策略，限制对控制系统的非法访问和恶意攻击，保障系统的安全性和稳定性。

人员管理和培训。加强人员管理和培训，增强操作人员的安全意识和技能水平，避免因人为操作失误导致安全事件。

定期评估和改进。定期对控制功能安全进行评估和改进，及时发现和修复潜在的安全隐患，提高控制系统的安全性和可靠性。

3. 网络安全

网络安全防护是确保组织内部网络、外部网络及标识解析系统等的安全性和可靠性的重要措施。为了构筑全面高效的网络安全防护体系，以下是一些具体的防护措施。

网络结构优化。对组织内部网络进行合理规划和设计，确保网络结构清晰、层次分明，同时实施有效的 VLAN 划分和子网隔离，降低网络广播风暴和安全风险。

边界安全防护。通过部署防火墙、入侵检测系统等安全设备，对组织内外网络边界进行安全防护，并制定和实施严格的安全策略，限制内外网之间的访问和数据交换。

接入认证。建立完善的接入认证机制，对组织内外的用户进行身份验证和授权管理。同时实施多因素认证或强密码策略，提高账户的安全性。

通信内容防护。对组织内部网络中的通信内容进行加密和保护，确保数据的机密性和完整性。通过采用数据泄露防护、加密通信等措施，防止敏感数据被非法获取和篡改。

通信设备防护。对通信设备和链路进行安全加固，防止设备被恶意攻击和控制，并定期对通信设备进行安全检查和漏洞扫描，及时修复已知漏洞。

安全监测审计。通过建立安全监测和审计机制，实时监测组织内外网络的异常行为和安全事件，对审计数据进行集中存储和分析，及时发现潜在的安全威胁和异常活动。

4. 应用安全

工业互联网应用包括工业互联网平台和工业应用程序两大核心部分，在智能化生产、网络化协同、个性化定制、服务化延伸等方面发挥关键作用①。然而，随着工业互联网的快速发展，安全问题也日益突出。

对于工业互联网平台，由于其特殊的业务特性和广泛的应用场景，其面临的安全挑战尤为严峻。数据泄露、篡改和丢失是工业互联网平台必须首要防范的安全风险，可导致组织核心机密泄露，甚至可能影响到整系生产线的安全。可采取以下几种安全措施。

安全审计。对平台的操作和数据进行全面记录和监控，及时发现异常行为并进行处置。

认证授权。建立完善的认证授权机制，对平台上的用户和设备进行身份验证和权限管理，确保只有经过授权的用户和设备才能访问平台。

DDoS 攻击防护。部署防御 DDoS 攻击的设备和软件，有效抵御流量型攻击和协议型攻击。

对于工业应用程序，由于其安全漏洞主要来自开发过程中的编码不符合安全规范以及使用不安全的第三方库等问题，可以采取以下几种安全措施。

全生命周期的安全防护。在应用程序的开发、测试、部署和运行阶段，都进行必要的安全防护措施。

代码审计。对应用程序的代码进行全面审查，发现潜在的安全漏洞并进行修复。

开发人员培训。对开发人员进行安全意识和技能培训，提高他们的安全编码能力。

定期漏洞排查。对运行中的应用程序定期进行漏洞扫描和排查，及时发现和修复安全问题。

内部流程审核和测试。对应用程序的内部流程进行审核和测试，确保其符合安全标准和要求。

实时监测与阻止可疑行为。对应用程序的行为进行实时监测，发现可疑行为并进行阻止，降低未公开漏洞带来的危害。

---

① 安成飞、周玉刚：《智能制造工业互联网的安全分析与防护》[J]，《自动化博览》，2021 年第 1 期，第 82—85 页。

5. 数据安全

在工业互联网中，数据的安全防护至关重要。根据数据的属性和特征，可以分为设备数据、业务系统数据、知识库数据和用户个人数据四大类①。而根据数据敏感程度的不同，又可以分为一般数据、重要数据和敏感数据。随着组织数据量的增加和复杂性提升，数据安全问题愈发严重，如数据泄露、非授权分析和用户个人信息泄露等。

为了保障工业互联网的数据安全，须采取全面的安全防护措施，覆盖数据全生命周期，包括采集、传输、存储和处理等环节。

（1）数据采集

工业互联网平台在数据采集和使用方面应遵循合法、正当、必要的原则，确保用户数据的安全和隐私。在采集和使用用户数据之前，应明确告知用户数据的用途、范围和保存期限，并获得用户的授权同意。另外，只收集与业务需求相关的必要数据，避免过度收集用户信息，对敏感数据进行加密存储，确保数据在传输和存储过程中的机密性和完整性。

（2）数据传输

为了确保工业互联网中的数据传输安全，需要采取有效的安全措施，防止数据在传输过程中被窃听和泄露。如对于敏感数据，应使用强加密算法对数据进行加密。这样即使数据在传输过程中被截获，攻击者也很难解密和访问原始数据；使用安全套接层（Secure Sockets Layer，SSL）和传输层安全（Transport Layer Security，TLS）协议，用于在网络上传输数据时提供加密和身份验证等，通过这些措施保障数据在传输过程中的机密性、完整性和可用性。

（3）数据存储

一是访问控制。它可以防止未经授权的用户访问敏感数据。为了实现访问控制，可以采取以下措施。

网络存储业务的隔离与认证。利用交换机技术，根据访问逻辑将数据划分至各个独立区域，各区域设备间不具备直接访问权限，有助于实

---

① 安成飞、周玉刚：《智能制造工业互联网的安全分析与防护》［J］，《自动化博览》，2021年第1期，第82—85页。

现网络设备之间的相互隔离，确保数据安全。

存储节点接入认证。通过成熟的标准技术，如 Internet 小型计算机系统接口（Internet Small Computer System Interface，ISCSI）协议本身的资源隔离、挑战握手认证协议（Challenge Handshake Authentication Protocol，CHAP）等，也可以在网络层面划分 VLAN 或设置访问控制列表等来实现存储节点接入认证，确保只有经过身份验证的设备或用户才能访问存储节点，防止非授权接入。

虚拟化环境数据访问控制。针对每个卷在虚拟化系统上制定访问策略，确保未获得相应卷访问权限的用户无法访问，同时实现各卷之间的相互隔离，从而防止未经授权的对虚拟化环境数据的访问，保障数据安全。

二是存储加密。存储加密是确保数据在存储过程中不被泄露的有效手段之一。为了实现存储加密，可以采取以下措施。

分等级的加密存储措施。根据数据的敏感度，采取不同的加密存储措施。对于不敏感的数据，可以选择不加密或部分加密的方式；对于高度敏感的数据，应采用完全加密的方式进行存储。这样可以平衡数据的安全性和存储效率。

密码设施管理。按照国家密码管理有关规定使用和管理密码设施。应选择符合国家标准的密码算法和协议，并确保密码设备的配置和密钥的管理符合相关要求。

密钥管理。密钥是加密存储的关键要素，应按照国家密码管理有关规定生成、使用和管理密钥。应采用安全的密钥管理机制，确保密钥的生成、传输、存储和使用都受到保护。

三是备份和恢复。备份和恢复是确保数据安全性的重要环节之一，特别是对于用户数据这一重要的资产。为了实现有效的备份和恢复，可以采取以下措施。

数据备份策略。工业互联网服务提供商，应根据用户业务需求、与用户签订服务协议，制定必要的数据备份策略。备份策略应明确备份范围、频率、方法、责任人以及恢复流程等，确保数据的完整性和可用性。

定期备份。服务提供商应定期对数据进行备份，并确保备份数据的完整性和可用性。备份数据应存储在安全可靠的环境中，与原始数据保持物理隔离，以避免数据被篡改或丢失。

恢复计划。服务提供商应制订详细的恢复计划，明确在数据丢失事故发生时的恢复流程和责任人。恢复计划应与备份策略相匹配，并经过充分的测试和验证，以确保在真实场景中能够快速有效地恢复数据。

及时响应和报告。当发生数据丢失事故时，服务提供商应立即采取补救措施，按照规定及时告知用户，并向有关主管部门报告。同时，启动恢复计划，尽快恢复数据，降低用户损失。

（4）数据处理

在使用授权方面，工业互联网服务提供商需要严格遵守法律法规，并在与用户约定的范围内处理相关数据。为了防止用户数据泄露，提供商应采取必要的技术和管理措施，确保数据的安全性和保密性。如果发生大规模的用户数据泄露安全事件，提供商应及时告知用户和上级主管部门，并按照相关法律法规和合同约定承担相应的责任。

在数据销毁方面，为了确保数据的彻底清除和不可恢复，提供商应根据不同的数据类型和业务部署情况选择合适的数据销毁方式。对于逻辑卷回收，可以采取对所有 bit 位进行清零，并利用 "0" 或随机数进行多次覆写的方式进行彻底擦除。在涉及敏感数据的高安全场景，当物理硬盘需要更换时，管理员应采取更严格的措施来确保数据被彻底清除，如消磁或物理粉碎。

在进行数据脱敏时，当工业互联网平台中的工业互联网数据与用户个人信息需要输出或与第三方应用进行共享时，应在输出或共享前对这些数据进行脱敏处理。脱敏应采取不可恢复的手段，避免数据分析方通过其他手段对敏感数据复原。同时，数据脱敏后不应影响业务连续性和系统性能。

6. 监测感知

通过部署相应的监测措施，主动发现来自工业互联网系统内外部的安全风险，以确保工业互联网的安全稳定运行。这些措施包括数据采集、收集汇聚、特征提取、关联分析、状态感知等。

第一，数据采集是监测感知的第一步，涉及从各种来源（如设备运行数据、网络流量、安全日志等）收集数据。这些数据可以反映设备的运行状态、网络流量情况以及潜在的安全威胁等信息。

第二，收集汇聚是将来自不同来源的数据集中到一个中心点或数据存储库中，以便于后续的处理和分析。在这个阶段，需要对数据进行预处理和清洗，去除无关或错误的信息，确保数据的准确性和可靠性。

第三，特征提取是从收集的数据中提取关键特征。这些特征可以反映设备的运行状态、网络流量的异常变化等，用于后续的安全分析。特征提取是监测感知中的关键步骤，需要选择合适的特征提取算法和模型，以实现准确有效的特征提取。

第四，关联分析是监测感知的核心环节。此步骤涉及提取的特征与其他安全情报的比对。关联分析能识别潜在安全风险或威胁，及时发现异常和攻击行为。这一过程需借助大数据和人工智能算法，从海量数据中挖掘有价值的安全信息。

第五，状态感知是基于上述分析结果，感知工业互联网系统的安全状态。基于这种状态感知，可以及时采取相应的应对措施，如隔离可疑设备、阻止恶意流量等，以防止安全风险的扩大和蔓延。同时，状态感知还可以为安全管理人员提供全面的安全态势感知能力，帮助他们更好地了解工业互联网系统的安全状况和威胁趋势。

7. 处置恢复

处置恢复机制是确保工业互联网信息安全管理得以落实的关键环节，它为工业互联网系统与服务的持续运行提供了坚实的保障。这一机制旨在确保风险或事故发生时，能够迅速、准确地响应，并及时恢复相关的设备、系统和服务，以最小化对业务连续性的影响。

响应决策。当风险或事故发生时，响应决策是至关重要的第一步。这一环节涉及对事件的初步判断、资源协调和应急响应计划的启动。决策者需要迅速评估事件的严重性，并决定采取何种措施来最小化影响。包括紧急响应措施、资源调配、通知相关方等。

备份恢复。为了确保关键数据和系统的可用性，备份恢复机制是必不可少的。这一环节涉及使用备份数据和预先制订的恢复计划来快速恢复受影响的系统和服务。包括数据备份、系统镜像备份、配置文件备份等，以及根据恢复计划逐步恢复服务。

分析评估。在事件发生后，通过分析评估可以深入了解事件的起因、影响范围和应对措施的有效性。这一环节对于优化未来的防御措施和改进恢复策略至关重要。通过分析评估，可以识别出事件中的薄弱环节、漏洞和不足之处，为改进提供依据。

三、数字医疗

数字医疗是指通过采用先进的计算机技术、信息技术、网络通信技术等，对医疗过程进行全方位的覆盖和创新，不仅提升医疗服务的效率和质量，还可实现医疗资源共享和优化配置，为人们提供更优质的医疗服务。

（一）数字医疗安全难点

数字医疗作为医疗新模式新业态，在带来巨大便利的同时，也带来了新的监管问题。如数据安全和隐私保护就是数字医疗监管中最为突出的问题，患者的个人信息、病情数据等敏感信息如果没有得到妥善的保护，造成泄露或滥用，将给患者带来严重的隐私和安全风险。因此，急需构建一个协同高效、包容审慎的数字医疗监管机制，促进数字医疗的持续健康发展，为广大人民群众提供更加安全、便捷、高效的医疗服务。

1. 数据隐私保护问题

在数字医疗中，确保数据可用性与保护患者隐私之间存在一定的挑战，如何通过综合运用多种技术和方法，在确保数据可用性的前提下有效保护患者隐私，促进数字医疗的健康发展是数字医疗安全领域亟待解决的问题。

2. 网络安全问题

随着医疗行业数字化进程的加速，网络安全问题已成为医疗机构亟待解决的重要挑战之一。医疗机构面临着来自内部和外部的多种网络安全风险，如黑客入侵、数据泄露等，需要采取有效的措施来防范和应对这些风险。另外，数字医疗设备的广泛应用，要求设备制造商在确保设备功能和性能的同时，重点关注设备的安全性。同时，一些新兴网络威胁，如勒索软件，也成为数字医疗安全领域的难点，这些威胁利用医疗系统的漏洞进行攻击，对医疗数据和系统造成严重威胁。

3. 人工智能伦理挑战

随着人工智能在医疗领域的广泛应用，确保算法公平性和避免歧视成为一个重要议题。这是因为医疗领域中的人工智能应用涉及患者的生命健康和权益，任何不公平或歧视性的算法都可能导致对患者的不公平对待或误诊误治。

4. 监管手段不适应新业态

数字医疗科技监管的必要性日益凸显，新技术和新产品的不断涌现，使得医疗服务的提供方式、医疗数据的处理和传输等环节都发生了深刻变化。同时，数字医疗发展中所蕴含的风险也日益显现出来，且具有技术性和隐蔽性等特点，借助科技监管工具以提升监管效能，已成为我国数字医疗行业发展的必然趋势。

（二）数字医疗安全能力构建

数字医疗安全是确保数字化医疗系统正常运行的重要保障，需要从多个层面采取综合性的措施，确保医疗数据的安全、隐私权益的保护以及网络和设备的稳定运行。这不仅有助于提升医疗机构的竞争力，还有助于建立患者的信任和维护行业的声誉。

1. 网络安全

网络安全是数字医疗安全的重要组成部分。在数字化医疗环境中，数据传输和共享变得至关重要，这意味着医疗数据需要在不同的系统、设备和医疗机构之间流动。为了确保数据的机密性、完整性和可用性，必须采取有效的网络安全措施，如网络隔离、防火墙、入侵检测和预防系统、多因素身份验证、安全审计和日志记录等来进行防护，从而帮助医疗机构降低网络安全风险，确保数字医疗系统的正常运行和患者的数据安全。

2. 设备安全

在数字化医疗系统中，医疗设备作为核心组件，其安全性对于整个系统的稳定运行至关重要。医疗设备包括各种监测、诊断和治疗的仪器，如心电图机、影像扫描设备、手术机器人等。这些设备在使用时，如果不采取适当的保护措施，可能会成为黑客攻击或病毒感染的目标。因此，通过采取包括漏洞测试、安全审计、设备固件更新等措施，医疗机构可以降低设备被攻击或感染的风险，这有助于维护患者的隐私权益和医疗机构的声誉，同时提高整个系统的安全性。

3. 身份验证与访问控制

身份验证和访问控制在数字化医疗系统中至关重要。医疗数据是高度敏感的，因此必须确保只有授权的人员能够访问这些数据。通过采取多因素身份验证、访问权限管理、日志审计等措施，医疗机构可以保障只有授权人员能够访问敏感的医疗数据，从而保护患者的隐私，保证数据的安全性。

4. 数据安全和隐私保护

医疗数据作为数字化医疗系统中的核心资产，其安全性对于维护患者隐私、保障医疗服务的正常运行以及确保医疗机构的声誉至关重要。数字化医疗系统需要采取一系列措施保护医疗数据的安全，如数据加密、数据防泄露、数据脱敏、数据备份等，来帮助医疗机构降低数据泄露、损坏或未经授权访问的风险，保护患者的隐私权益。

5. 合规性和监管

合规性和监管是确保数字化医疗系统合法、安全、可靠运行的基石。满足合规性和监管要求是数字化医疗系统的重要任务之一，医疗机构需要确保数字化医疗系统符合相关法规和标准，降低法律风险和监管处罚的可能性。

四、数字金融

金融行业数字化转型的核心引擎是金融科技，这一点已经得到了广泛的认可。金融科技的发展不仅提升了金融服务的效率和便捷性，还为金融机构带来了新的业务模式和盈利渠道。同时，金融机构还需要注意数字化转型中的安全问题，加强安全建设和风险控制，确保数字化转型的顺利进行。

（一）数字金融安全难点

1. 网络安全问题

随着数字货币和区块链技术的迅速发展，人们对它们的关注度日益提高。然而，随着技术的普及，与之相关的安全问题也逐渐浮现，给数字金融的稳定和安全带来了挑战。其中，智能合约漏洞和51%攻击是两个不容忽视的安全隐患。

智能合约作为数字货币和区块链技术的核心组成部分，具有自动执行和不可篡改的特性。然而，由于智能合约的编写、部署和运行过程中可能存在的编程错误、设计缺陷等问题，使得智能合约存在漏洞，给了黑客可乘之机。黑客利用这些漏洞进行攻击，可能会窃取资金或破坏系统的正常运行，给用户带来巨大损失。因此，对智能合约漏洞的防范和管理成为数字金融领域的一个重要议题。

另一个安全隐患是51%攻击。区块链技术的去中心化特性使得数据的安全性和一致性得到了保障。然而，当攻击者掌控了超过51%的区块链网络算力时，就有可能篡改交易记录，威胁数字货币的价值和信誉。虽然这种攻击的概率相对较低，但其潜在的威胁性不容忽视。为了防范51%攻击，需要加强区块链网络的安全防护，提高算力的分散性，并加强对异常行为的监测和预警。

2. 用户隐私保护风险

在数字金融交易中，对用户隐私和敏感信息的保护是一个重要的问题。随着技术的不断发展，各种数据泄露和滥用的事件频繁发生，给用户带来了不小的风险。因此，金融机构需要采取一系列的安全措施来确保用户信息不被泄露。

3. 金融欺诈风险

防止金融欺诈是数字金融交易中的一项重要任务。数字金融交易的便捷性为金融欺诈提供了可乘之机，不法分子利用各种手段，如网络钓鱼、虚假广告等，诱导用户泄露个人信息或进行非法交易，给用户带来经济损失。因此，金融机构需要加强反欺诈技术的研发和应用，提高用户对欺诈行为的识别能力。

4. 数据要素应用需做好安全前置工作

随着信息技术的快速发展，金融业作为企业信息化的引领者，在信息化平台的支持下运行众多基础业务、关键流程以及行业间交流等事务与活动。金融机构生产运行中产生的信息进一步转化为数据资产，在不同信息网络和系统之间流转。然而，数据流转的管控不足可能会引发国家安全、社会秩序、公众利益和金融市场稳定等方面的问题。

为做好数据要素应用，确保数据安全，需要严格落实数据安全保护法律法规、标准规范。金融机构需要建立健全金融行业数据全生命周期安全管理长效机制和防护措施，依法依规保护数据主体隐私权不受侵害。同时，要深刻认识数据要素的价值，推动数据工作高效有序开展，稳妥推进业务由经验决策型向数据决策型转变。此外，金融机构在推动金融与公共服务领域系统互联和信息互通方面扮演着关键角色。金融机构需积极与政府部门合作，综合电子政务数据资源，不断拓展金融业数据要素的广度和深度，为跨机构、跨市场、跨领域的综合应用提供坚实的数据基础。

5. 产业生态建设把好安全大门

提升金融科技整体发展水平需要构建开放创新的产业生态。在数字技术与金融行业快速融合的背景下，金融业加速了数字化转型步伐，数字技术大幅提升服务效率，改善了服务体验。生态金融就是在这一背景下产生的，其本质上是金融价值生产链的重构，依托技术支撑和数字驱动，广泛连接各类合作伙伴，实现客户、流量、资源品牌等的交互与协同，全面提升综合服务能力和价值创造能力，进而构建以银行保险等金融机构为中心节点的生态网络。

（二）数字金融安全能力构建

1. 进一步夯实数字金融底座

随着金融行业的数字化转型加速，夯实数字化转型的数字金融底座变得尤为重要。为实现这一目标，需要从多个方面入手，包括推动安全泛在、先进高效的金融网络和算力体系建设，优化多中心、多架构的数据中心布局，实现基建升级等。在此基础上，还应注重安全能力建设，确保基础设施的稳定性和安全性。

在提升金融底座服务能力的基础上，需要关注其安全能力建设，确保基础设施的稳定性和安全性。这包括同步规划、同步建设、同步使用安全措施，以及合规运用开源技术等。通过自主研发关键平台、组件和基础设施，实现底层技术的自主可控，保障各类系统的全面改造。此外，还需要满足商用密码应用的合规性要求，保障金融底座建设的密码算法、技术、产品和服务的合规性。加快云计算技术规范应用，并建立安全运营中心，提高全方位的威胁感知能力和安全风险监测、预警和应急处置能力。

为实现这些目标，金融机构需要与科技公司、研究机构等合作，共同研发和应用新技术、新架构和新方法。通过开放创新、合作共赢的方式，推动金融行业的数字化转型和升级，为客户提供更加优质、高效、安全的金融服务。

2. 充分激活数据要素潜能

要释放数据要素的潜能，需要在数据能力建设和数据安全保护之间取得平衡。首先，需要做好数据能力建设，提升数据的准确性、有效性和易用性。这包括数据治理、数据质量管理和数据标准化等方面的措施。通过建立完善的数据管理体系，确保数据的准确性和一致性，提高数据的使用价值。

同时，数据安全保护也是非常重要的。需要满足内外部合规要求，建立数据安全管理工作相关制度与流程规范，完善整体保护体系。这包括数据安全顶层规划、数据全生命周期安全能力建设和数据安全运营等方面的措施。通过差异化防护能力的提升，及时发现风险和威胁，做好数据安全防护工作。

在数据使用方面，特别是数据有序共享方面，需要探索建立跨主体数据安全共享隐私计算平台。通过应用多方安全计算、联邦学习、差分隐私等技术，在保障原始数据不出域的前提下规范开展数据共享应用。这可以确保数据交互安全、使用合规、范围可控，实现数据可用不可见、数据不动价值动，推动数据共享在精准营销、数字化风控、供应链金融等领域的有效落地。

3. 有效促进科技成果转化

为解决应用本质安全问题，保障金融机构数字化业务的快速发展，可以采取安全左移的思路。具体而言，将安全开发能力嵌入应用的全生命周期中，通过重塑服务流程、优化业务处理模式以及推动金融服务转型，构建一个环节紧密相连、信息实时流动、资源协同优化的业务处理体系，实现金融服务渠道的多媒体化、轻量化和交互化，为用户提供更加智能、高效、便捷的金融服务，推动金融行业的持续创新和发展。

五、数字教育

教育数字化是实现教育现代化和提高教育质量的重要途径。通过将数字化技术与教育教学深度融合，可以促进教育公平和均衡发展，提高教育质量和效益。在数字化教学、师生数字素养提升、教育数字治理、学习资源开发与应用等方面展现丰富的生产力，数字化技术已经成为实现"教育数字化战略"目标的重要支点。通过全面推进教育数字化，可以促进教育的创新发展，为培养更多高素质人才提供有力支持。

（一）数字教育安全难点

随着教育数字化的推进，数字化教育确实为现代教育带来了巨大便利，但同时也带来了一些新的安全威胁和风险，如黑客攻击、个人敏感数据泄露、不恰当的内容传播等，这将直接影响数字化系统的稳定性与数据安全，需要采取相应的措施来保障数字化教育的安全性、稳定性和可靠性。

1. 网络安全

为应对各种网络攻击和恶意软件的威胁，保障数字化教育系统的稳定性和可靠性，需要采取一系列网络安全防护措施，如边界安全防护、网络安全监控、终端安全防护等，以及时发现并防范各类网络攻击行为。

2. 数据安全

对于学生、家长和教师的个人信息，应采取严格的数据保护措施，确保个人敏感数据不被泄露。应采取一系列技术手段和管理措施，如加密传输、权限控制、数据备份等，保证数据的安全性和完整性；同时，需要建立完善的数据安全保护机制，合理规范各方的数据使用行为，防止数据滥用或泄露。

3. 用户身份认证和访问控制

实施严格的用户身份认证机制，确保只有授权用户才能访问数字化教育资源。建立完善的权限管理机制，应通过实施细粒度的访问控制策略，限制用户对敏感数据的访问权限，避免非法操作和滥用权限的行为。

4. 知识产权保护

保护原创教育内容和课程设计是维护教育公平和促进教育创新的重要环节。通过制定严格的知识产权保护规定和标准，建立知识产权登记和备案制度，加强知识产权的宣传和教育，同时建立侵权举报和处理机制，有效保护原创教育内容和课程设计的知识产权，维护教育公平和促进教育创新。

5. 社交安全

随着数字化教育的深入发展，社交功能成为教育数字化平台中不可或缺的一部分。保障社交功能的安全、健康和有序需要从多个方面入手，包括制定管理规范、加强内容审核和管理、实施实名制、建立举报和处理机制、加强监控和预警机制、加强教育和宣传以及与外部机构合作与交流等。只有通过综合施策和多方参与，才能营造一个良性、积极的社交环境，促进数字教育的可持续发展。

（二）数字教育安全能力构建

教育数字化安全能力构建是指在数字化教育环境下，通过提供必要的技术与能力保障，确保教育数字化应用的安全、稳定运行，同时保护学生、教师和学习资源的隐私数据。这一构建旨在应对数字化教育带来的安全挑战，保障教育行业的网络安全和数据安全。能力构建主要从以下方面开展。

1. 强化网络安全能力

为确保教育数字化环境的安全稳定运行，应落实教育系统党委（党组）的网络安全工作主体责任，明确各单位网络安全工作的第一责任人和直接负责人。建立监督机制和问责机制是必要的，以确保网络安全工作得到有效落实。全面落实网络安全等级保护制度，履行网络安全保护义务，加强网络安全建设的持续投入，是保障教育数字化安全稳定的基石。

建立全天候、全方位的网络安全态势感知体系，对内部网络安全态势进行有效监测预警，让安全威胁可见、可视、可知、可控，及时研判应对重大网络安全威胁，是防范和应对网络安全威胁的重要手段。选择合适的托管式安全运营服务，借助第三方专业安全服务商在网络安全领域的专业能力，以"云端"＋线下能力相结合共同协助教育系统做好网络安全建设并构筑 7×24 小时持续监测能力，以面对日益复杂的安全威胁。

此外，应定期开展网络安全培训和意识提升活动，提高师生对网络安全的认识和应对能力。建立应急响应机制，及时处置系统漏洞、网络攻击等安全事件，确保教育数字化环境的安全稳定运行。同时，应加强与相关部门的合作与沟通，共同维护教育行业的网络安全和数据安全。

2. 夯实数据安全底座

加强教育数据的安全管理需要从多个方面入手，包括做好数据安全顶层规划设计、制定分类分级标准、评估数据处理活动风险、构建差异化安全管控策略以及提升人员数据安全意识。通过这些措施的综合应用，可以有效地保障教育数据的完整性和安全性，促进教育行业的健康发展。

做好数据安全顶层规划设计。制定数据安全战略与发展目标，将数据安全建设摆到核心位置。通过顶层设计和统筹协调，确保数据安全工作的整体推进和有效实施。

制定适合学校教育数据分类分级标准。在数据治理的基础上，编制适合学校的数据分类分级标准，明确各类数据的敏感程度和保护级别。这有助于更好地管理和保护敏感数据，防止数据泄露和滥用。

评估数据处理活动风险。围绕数据处理活动的全过程与各方主体，评估数据在流转过程中可能面临的风险。针对不同级别的数据，采取差异化的安全管控策略，降低数据处理活动中的风险。

构建差异化安全管控策略。针对不同级别的数据，采取去标识化、数据泄露监测、数据安全防护、数据加密、数据访问控制等机制，构建差异化的安全管控策略。这有助于提高数据的安全性和流通效率。

提升人员数据安全意识。开展有针对性的数据安全意识培训，提高工作人员对数据安全重要性的认识。通过分阶段培训，提升工作人员的安全意识和技能水平，确保他们能够正确地处理和保护数据。

3. 增强身份鉴别与鉴权

建立多因素的账号体系，在用户名和密码的基础上，引入更多的身份认证因素，如指纹识别、声纹识别、面部识别等生物识别技术，这增加了即使密码被泄露，非法访问者也需要其他物理特征才能登录的保障。建立多维度的鉴权机制，控制不同用户的权限级别，不同用户可能拥有不同的权限，如读、写、执行等。通过实时监测平台上的所有访问行为，及时发现异常行为，并自动进行警告或直接采取措施。

4. 加强教育资源知识产权保护

对教育资源进行版权登记和专利申请是非常重要的保护措施。通过法律手段，如著作权、专利权和商标权保护，可以确保教育资源的原创性和独特性得到保护，防止被他人盗用或侵犯。

数字水印技术是一种有效的追踪和保护知识产品的手段。通过在教育资源中嵌入数字水印，可以追踪其使用和传播情况，及时发现并制止侵权行为。这有助于维护教育资源的原创性和作者的权益。

加密技术是确保教育资源传输过程中安全性的重要手段。通过采用加密技术，可以保证教育资源在传输过程中不被窃取或篡改，确保其完整性和安全性。这有助于防止未经授权的访问和修改，进一步保护教育资源的权益。

加强管理和监控也是非常重要的措施。通过建立完善的管理和监控机制，可以及时发现和应对侵权行为，采取法律手段维护权益。这有助于及时制止侵权行为，保护教育资源的合法权益。

5. 社交安全保障

为加强网络素养培养，提高师生、家长等的安全意识和防范能力，加强社交内容安全保护，建立有效的沟通机制，共同维护一个安全、健康的网络环境。为加强网络素养培养，我们可以采取以下措施。

提供网络安全教育课程。为师生、家长等提供网络安全教育课程，教授他们如何识别和评估信息的安全性、如何保护个人信息和隐私等方面的知识。

组织网络安全讲座和活动。定期邀请网络安全专家、学者或业界人士举办讲座，分享网络安全方面的最新动态和防范技巧。

培养正确的网络行为和意识。通过教育引导，培养师生、家长等具备正确的网络行为和意识，增强自我保护能力，避免陷入网络陷阱。

加强社交内容安全保护。采取一系列技术手段，如数据加密、强密码策略、多因素身份验证、行为审计、反欺诈系统等，来监测和防范社交行为上的不端行为和欺凌行为。

建立有效的沟通机制，以便在发生社交安全问题时能够及时沟通并采取措施解决。

六、数字交通

数字交通作为我国交通强国战略及数字经济发展的关键组成部分，以数据为内核要素和驱动力，促使实体与虚拟空间交通运输业务的深度整合与互动。通过运用先进的数据技术，构建一个高效、智能、可持续的现代交通运输体系。在新技术的推动下，公路、铁路、航空、城轨、水运等细分领域正在加速数字化转型，提升交通基础设施的运行效率、安全水平和服务质量，加速行业的数字化转型和创新发展，为实现交通强国战略和推动数字经济发展注入了新动力。

（一）数字交通安全难点

1. 信息基础不牢

在交通行业中，随着技术的发展和安全威胁的不断演进，交通行业用户开始意识到传统的"专网"并不能完全保证信息的安全，这意味着需要重新审视现有的安全策略，并采取更为全面和先进的安全措施。同时，源于对新技术的不熟悉或担心设备的稳定性，因此担心信息安全设备影响业务。另外，大量交通系统未按照等保定级开展等保建设，基础的安全措施并未得到有效实施，并且部分系统存在等保测评结果差的问题，在安全性方面存在严重问题。因此，交通行业作为管理关键基础设施最多的行业之一，其信息安全基础并不稳固，需要引起高度重视。

2. 网络安全面临新挑战

随着 IoT、5G、大数据、云计算、AI 技术、北斗等新技术的广泛应用，网络安全问题逐渐凸显，给行业带来了新的挑战。如在攻防演练等活动中出现了利用卫星地面站、物联感知设备、大数据及云平台漏洞发起攻击并成功突破的诸多案例。而交通行业用户在相应安全能力的建设投入方面还没有跟上。

3. 数据要素敏感

在交通行业中，数据安全保障确实是一个复杂而重要的问题。面对行业监管数据、货运数据以及个人信息、行程轨迹等多种类型的隐私数据，确保其安全性至关重要。一旦上述信息被识别并实施信息盗取、诈骗等网络犯罪行为，会给个人带来无法估量的损失。

（二）数字交通安全能力构建

1. 深入贯彻三同步

在交通行业中，确保信息系统的安全是至关重要的。对于现有系统，进行安全整改和修复信息化建设中的显著安全短板是非常必要的。此外，对于新建系统，应遵循"三同步"原则，即安全设计与建设同步、系统上线与安全运行同步、业务拓展与安全保障同步。根据行业相关标准，组织应确定所运行系统的保护等级，并按照等级保护基本要求进行安全建设。

具体来说，对于现有系统，应进行全面的安全评估和整改，包括漏洞扫描、恶意软件检测、身份验证、访问控制、数据加密等措施。对于新建系统，应在设计阶段就充分考虑安全需求，并按照等级保护基本要求进行建设。在系统上线后，应确保安全监控和日志分析等措施的有效性，以便及时发现和应对安全事件。

2. 应用密码技术

在数字交通领域，《数字交通"十四五"发展规划》《"十四五"铁路网络安全和信息化规划》等顶层设计已经对商用密码技术的应用提出了明确的实施要求与落地计划。

具体来说，一方面需要利用行业主管单位、标杆客户主导的重点建设工程和试点示范项目作为驱动，切实验证并形成商用密码技术的应用实践；另一方面，行业主管单位需要联合国资监管部门加强监管，确保使用密码技术的集成建设、信息系统建设项目中对密码技术的应用。此外，要加强密码应用安全测评和风险评估，确保商用密码应用的安全性和合规性。

3. 泛化安全能力

随着技术的不断进步和数字化转型的深入，交通行业面临着更为复杂多变的安全威胁。为了应对这些挑战，行业用户不仅要关注传统的安全合规能力，如信息安全等级保护制度，还需要将安全能力泛在化应用在各种技术领域中。

安全能力的泛在化意味着在各个技术领域中都要充分考虑到安全因素，从设计、开发、测试到运维等各个环节都要有相应的安全控制措施。这包括但不限于访问控制、数据加密、漏洞管理、安全审计等方面。通过将这些安全能力与各个技术领域紧密结合，可以更好地抵御各种网络威胁，确保数据和系统的安全性。

同时，"安全左移"也是一个重要的概念。它强调在新技术应用的过程中，应尽早考虑和实施安全控制措施，避免因新技术带来的威胁暴露面和系统脆弱性而导致的攻击不可见、不可知、不可控的风险。通过将安全措施提前到开发阶段，可以更早地发现和解决潜在的安全问题，降低后期维护和修复的成本。

（1）开发安全

及时制定与交通行业用户特点相符合的供应链安全管理制度，该制度应明确供应商的选择标准和合作要求，建立严格的供应商审查和考核机制。在开发流水线中集成多种安全开发管理手段，如敏捷安全、DevSecOps（一种融合了开发、安全及运营理念的全新的安全管理模式）等，确保在系统开发与测试的各个阶段都能充分检测代码质量，降低业务"带病上岗"的风险。利用多种技术手段，如静态应用安全测试（SAST）、交互式应用安全测试（IAST）、动态应用安全测试（DAST）和软件成分分析（SCA），对自研应用和外包开发的代码进行全面的检测，及时发现和修复潜在的安全漏洞。

（2）物联网安全

优先选择具有本体安全特性的 IoT 设备，并确保设备在出厂前经过严格的安全检测和认证。对高价值的 IoT 设施实施专项保护，如实施网络隔离、加密通信、访问控制等安全措施，确保其安全稳定运行。利用网络准入、资产及弱点管理、违规外联监测等技术手段，对交通行业广域感知网接入进行严格的安全控制和监测。

（3）移动终端安全

关注移动终端的接入安全，实施零信任、移动应用管理（Mobile Application Management，MAM）、移动威胁防御（Mobile Threat Defense，MTD）等技术，对移动接入端点和链路进行全面的保护。定期对移动设备进行安全检查和漏洞修复，确保其符合安全标准和要求。加强移动应用的管理和审核，避免恶意应用或违规应用的传播和使用。

（4）容器安全

随着容器技术的广泛应用，确保容器镜像的安全性至关重要。实施镜像资产管理与检测，确保镜像的完整性和可信度。加强容器的实时监控和威胁检测，实现容器活动的可见性，及时发现和应对安全威胁。作为整体安全策略的一部分，将容器安全与大数据分析相结合，提供更加全面和准确的安全情报和预警。

（5）API安全

API威胁带来了新的挑战，需要采用先进的技术手段来强化API的安全性，实现API的可见性，让安全团队能够监控和了解API的使用情况。如强化API访问的认证与控制机制，实施多因素认证或动态令牌等措施，提高API访问的安全性。利用API网关等工具实施流量过滤和威胁检测，及时发现和阻断针对API的攻击行为。定期对API进行安全审计和漏洞扫描，确保其符合安全标准和要求。

4. 深度融合业务

在交通行业的数字化转型中，数据安全是一个必须解决的关键问题。确保数据的安全性、完整性和可用性对于交通行业的正常运行至关重要。

（1）数据安全控制措施不能简单堆砌。数据安全控制措施的实施，不应是简单地堆砌各种安全组件或工具，而需要深入理解交通数据的特性和汇聚、共享的需求，以及它们在整个业务流程中的作用。单纯地增加安全组件可能无法解决根本问题，还可能引发新的安全风险。

（2）结合业务需求识别数据安全风险。为确保数据安全，需要与业务方紧密合作，共同梳理数据路径，明确数据的来源、流向和处理方式。通过深入了解业务流程，可以更准确地识别出数据安全风险，并针对这些风险制定有效的防控策略。

（3）持续的数据安全监测与风险处置。数据安全不是一次性的任务，而是一个持续的过程。因此，应将数据安全监测与风险处置融入日常工作中，通过实时监测和定期审计来确保数据的安全性。一旦发现风险或威胁，应立即采取适当的措施进行处置，以防止数据泄露或其他安全事件的发生。

（4）作为整体安全运营的一部分。数据安全不能孤立地看待，而应作为整体安全运营的一部分来考虑。这意味着需要与其他安全措施（如访问控制、入侵检测等）进行整合，共同构建一个综合性的安全防护体系。

本章小结

数字化安全治理需要从理念到实践全面把握，是确保数据安全、维护网络空间稳定的关键手段。在面对数字化带来的复杂安全威胁时，清晰的治理思路显得尤为重要。这要求我们构建全方位、多层次的安全防护体系，不仅要有先进的技术支撑，还需结合政策法规和组织管理措施。治理路径的选择需根据组织的实际情况，确保策略的有效性和可持续性。在实施过程中，要重点关注数据安全、基础设施保护、风险评估与应对等方面，这些都是治理的核心要点。实践是检验治理效果的唯一标准，成功的数字化安全治理实践，往往需要不断地探索和优化。只有将理论与实践相结合，不断完善安全治理体系，才能确保数字化的安全和可持续发展。

第五章　数字化未来

随着人工智能、5G、物联网等数字技术迅猛发展，数字化已经成为我们生活和工作中不可或缺的一部分，深刻改变着人们的生活方式和工作方式。数字化作为构建数字命运共同体的重要支柱，为全球经济发展、科技创新、文化交流和治理体系改革提供了强大动力。为了更好地适应数字化时代的变革，我们需要认清数字化未来发展形势，不断提升自身知识储备和技能，积极拥抱新技术、新业态、新模式，以应对数字化浪潮带来的挑战和机遇。为更好地认清数字化发展趋势，本章从数字化发展趋势、数字化科技创新趋势两个方面进行探讨，系统阐述我国在数字化发展过程中所面临的挑战，提出数字化发展建议。

第一节　数字化发展趋势

本节将全面探讨数字化发展趋势，从数字经济、产业转型、城市治理、要素融合、安全发展、数字素养等方面深入剖析数字化对我国经济社会发展产生的深远影响。

一、数字化助推数字经济发展

数字经济作为一种全新的经济业态，其核心在于对数据资源的开发和应用。大数据、云计算、物联网、区块链、人工智能等新兴技术，共同构成了数字经济的坚实基石。这些技术不仅在各自的领域内发挥了巨大的作用，随着技术的突破和创新，使得数据成为一种重要的生产要素，引领着经济社会的深刻变革。

（一）趋势一：数字经济普及性将进一步提速

全球范围内的数字经济发展推动了资源要素的优化配置，加速了生产制造的智能化进程以及专业分工的精细化程度。数字化转型在各个行业的应用日益广泛，对经济效益的提升产生显著影响。数字经济已经渗透到社会经济发展的各个层面，成为推动社会进步和改善人民群众日常生活的重要驱动力。无论是生产、流通还是消费领域，数字经济都发挥着不可替代的作用，推动全球经济持续健康发展。越来越多的企业和个人开始认识到数字化转型的重要性，并积极参与到数字经济发展中，数字经济的普及性进一步提速[1]，在数字化转型中继续前行。

（二）趋势二：数字经济服务性将进一步扩大

为更好适应经济社会发展的需求以及人民群众日益增长的需求，相关数字产品和服务不断迭代更新。数字经济的深入发展对企业和个体都提出了更高的要求，需更迅速地应对市场变化和受众需求，并寻找更加高效和创新的方法优化服务。这一趋势预示着数字经济相关服务产业将

---

[1]　赵俊涅：《数字经济发展趋势及我国的战略抉择》［J］，《中国工业和信息化》，2022 年第 9 期，第 70—73 页。

进一步扩大，为社会经济发展注入更多活力与动力。为在数字经济浪潮中保持竞争力，企业和个人需不断创新并适应，以满足不断增长的社会需求。

（三）趋势三：数字经济规范性将进一步提升

迅速发展的数字经济对政策完善和监管提出了更为严格的要求。在数据安全与隐私保护方面，我国持续完善相关法律法规，强化对数据收集、存储、传输、使用等环节的监管；在知识产权保护方面，我国将进一步加大对数字经济领域侵权行为的打击力度，维护创新者的合法权益；在市场竞争方面，我国政府加强对数字经济领域的反垄断监管，遏制滥用市场优势地位的行为，促进市场公平竞争。同时，政府将推动企业诚信经营，规范市场秩序，提升数字经济整体竞争力。此外，我国数字经济发展将催化立法进程加速，进而逐步塑造出支撑数字经济发展的关键法治环境。

二、数字化引领产业深层次转型

以数字化转型理念，全面推动行业数字化升级，不断提升企业数字技术应用、软件应用、数据管理等能力，智能交通、智能制造、智慧医疗、智慧文旅等新赛道正在蓬勃发展。数字生产力引领的新赛道布局成为产业创新的新焦点，已有成功案例表明，新赛道已催生出新增长点和活力。预计未来三年，车联网行业市场规模复合增长率将超过15%。现有能源体系切换为可再生能源体系投入将超百万亿元，其中数字科技投入占比超过50%。

（一）趋势一：行业企业结构化重塑

在当前国内经济环境下，我们面临着结构性转型、经济双循环、消费需求和消费形态转型的挑战。大多数行业都处于触底反弹的关键节点，各行业需要重新审视自身在市场、定位、创新、资源、数据、人才等方面的竞争力，以数字化手段进行结构化重塑①。长远来看，随着基于新技

---

① 中国计算机用户协会系统应用产品用户分会（CSUA）：《中国企业数字化转型发展重点及趋势展望（2024）》［EB/OL］，（2023.12）［2023.12］。

术新架构的数字化进程不断深入，IT 预算仍将稳步提升。同时，强化双循环经济理念至关重要，要充分发挥我国超大规模市场的优势，推动内外需相互促进、融合发展。此外，还要关注消费需求的变革，随着消费观念不断升级，消费者对产品和服务的需求也更加多元化和个性化。

（二）趋势二：数据主权相关技术成为下一轮需求热点

在数据生态系统中，大规模交互的数据是一种战略资源。数据主权是数据生态系统中数据安全交换的核心①。数据主权技术的热度与日俱增，我国政府和企业纷纷采取措施应对这一趋势，行业企业纷纷加大研发投入，竞相开发具有自主知识产权的数据主权技术，数据治理技术日趋成熟，数据合规性评估与监测技术受到关注，行业企业数字生态将会发生显著改变，与之数据主权相关的技术将有望成为下一轮热点。

（三）趋势三：业务覆盖和安全可靠性成为关注重点

为应对日益严峻的安全挑战，各行业越来越重视数据安全、信息安全与网络安全。国家安全相关法律法规的完善进一步推动了各行业对安全的重视。在数据安全方面，各行业纷纷加强对数据的保护和管理，确保数据的完整性和保密性。在网络安全方面，各行业纷纷加大网络安全投入，提升网络安全防护水平。随着动态感知技术的蓬勃发展，网络通信协议分析软件也会更强大，各行业也会从"零信任"环境防范转变为"不信任"环境，筑牢网络安全屏障。

（四）趋势四：未来产业创新发展迅速

当前，新一轮科技革命和产业变革加速演进，重大前沿技术、颠覆性技术持续涌现，科技创新和产业发展融合不断加深，全球科技创新进入空前密集活跃期，催生出元宇宙、人形机器人、脑机接口、量子信息等新产业发展方向。未来产业，如同一颗充满活力、充满潜力的种子，正在全球范围内迅速崛起。其鲜明的特征表现在技术突破的速度、应用场景的广泛性、带动产业链的能力以及无限的发展潜力。各国纷纷对未来科技与未来产业的战略布局给予了高度重视，力求在这场全球竞争中

---

① 华为公司数据管理部：《华为数据之道》［M］，北京：机械工业出版社，2023.3。

抢占先机，高度重视基础研究与前沿技术的融合交叉突破，加大前沿科技研发投入力度，加强国际交流与合作，推动全球产业链、供应链、价值链的深度融合，为未来产业发展创造更加有利的国际环境。[①]

我国政府高度重视未来产业培育，将其视为引领科技进步、带动产业升级、开辟新赛道、塑造新质生产力的战略选择。我国政府大力支持前沿技术和颠覆性技术的研发，推动科技成果转化，引导领军企业前瞻谋划新赛道。通过深化科技体制改革，优化科研环境，激发科研人员创新活力，进一步推动产业技术升级。通过未来产业创新型中小企业孵化基地的建设，梯度培育专精特新中小企业、高新技术企业和"小巨人"企业。通过创建未来产业先导区，推动产业特色化集聚发展。

三、数字化驱动城市安全治理

数字化驱动城市安全治理，是社会发展的必然趋势和时代使命的路径选择。数字化技术将为城市安全治理提供更加高效、精准的手段。通过大数据、云计算、人工智能等技术，可以实时监测城市运行状况，及时发现和解决安全隐患。

（一）趋势一："新机制"突破——三融五跨推动治理机制体制变革

一是完善城市监督和处理机制，倒逼组织结构改革。新型智慧城市建设有力推进了技术融合、业务融合、数据融合，实现跨层级、跨地域、跨系统、跨部门、跨业务的协同管理和服务，使得监管侧整合相关职能，高规格组建"城市运行管理中心"实体机构，强化全方位机制体制突破，促进管理能力提升。

二是坚持共建共治共享理念，针对具体治理场景建立联动机制。以共建共治共享为指导来提高跨部门跨领域的协同指挥能力，鼓励企业、社会组织、公民个人等各方积极参与社会治理，发挥各自优势，共同推动治理工作。如北京市纪检委建立"12345"市民服务热线信息共享机制，筛选出可查性较高或具有典型性的问题线索，要求直查直办，及时

---

① 李辉、万劲波：《全球比拼布局未来科技与未来产业》[N]，《光明日报》，2024 年 2 月 8 日，第 14 版。

反馈核查情况。

（二）趋势二："新要素"配置——新需求驱动数据定向流通

城市数据资源成为数字化治理的要素保障，以治理场景、治理业务为需求导向的治理模式，将进一步促进数据资源的定向流动及高效融通。一是空间数据与业务数据深度整合将为精细化精准化城市治理提供保障。二是随着治理服务向基层下沉，数据资源上下贯通将成为打通跨层级治理的关键环节。

（三）趋势三："新空间"打通——数字孪生城市"一盘棋"治理

在数字空间，构建一一映射、虚实互动的数字孪生城市，将各行业数据进行有机整合，实时展示城市运行全貌，形成精准监测、主动发现、智能处置的城市"一盘棋"治理体系①。一是城市运行"一张图"管理，利用城市信息模型（CIM）和叠加在模型上的多源数据集合，精准化、动态化、可视化的数字孪生城市形成全局统一调度与协同治理模式。二是城市部件统一数字化管理，基于标准统一的数字编码标识体系为各类城市部件赋予独一无二的"数字身份证"，实现在数字孪生城市中对城市部件的智能感知、精准定位、故障发现和远程处理的能力。三是基于"事件"的跨领域业务协同治理，在数字孪生城市中快速"描绘"人员轨迹，摄像头自动发现人员违规行为，精确识别危险及密切接触人员，触发预警应急机制，辅助社区开展有效的居家隔离。

（四）趋势四："新基建"助力——为数字化城市治理夯实"数字底座"

聚焦5G、人工智能、物联网、云计算等新一代信息技术，推动城市管理手段、管理模式、管理理念的创新，为推动数字化城市治理提供能力支撑。一是5G与IoT提供泛在连接、泛在感知力，为构建城市治理的全面感知能力提供关键基础技术。二是大数据与人工智能提供要素资源和自我学习能力，推动城市治理从传统的"经验治理"模式向"科学治理"模式转变，实现物理世界和数字世界交互，以便政府等治理主体即时感知城市运行状况、做出科学决策、主动提供服务并进行智能监督。

---

① 魏江、杨洋、邬爱其、陈亮等：《数字战略》[M]，杭州：浙江大学出版社，2021.12。

三是云边协同计算为高效能治理提供算力保障。云边协同计算为海量前端感知数据分析提供算力支持，从而提高治理效率。四是传统设施智能化改造为城市提供"新鲜血液"。交通、市政管网等传统设施智能化、城市更新、老旧小区改造成实时数据采集的重要渠道。

四、数字化催化传统要素聚合

随着数据要素的进一步普及和深化应用，传统产业将发生深刻变革，形成新的产业生态，数据要素正在催化传统要素的连锁化学反应，产生聚合效应①。通过激活传统要素价值潜能和开发数据要素自身新价值，实现数据要素价值开发，数据要素将在更多领域发挥更大的作用，为产业的可持续发展注入新的活力。

（一）趋势一：数据要素深度融合

随着数字化技术的不断发展，数据要素正在成为推动传统产业变革的重要力量。数据要素与传统产业的融合将更加紧密，通过大数据和人工智能技术的运用，传统产业将能够更好地实现数字化转型，提升生产效率和产品质量。如在制造业中，利用数据要素可以实现对生产过程的精准控制，提高生产效率和产品质量。在农业中，利用数据要素可以实现对农作物生长过程的精准监测和调控，提高农业产量和品质。

（二）趋势二：数据要素共享化

随着数据要素的不断积累，如何有效地共享和利用这些数据成了一个重要的问题。通过数据共享，可以实现不同产业之间的数据互通和共享，促进产业之间的融合发展。如在智能交通领域，通过数据共享可以实现不同交通方式之间的信息互通，提高交通效率和安全性。在医疗领域，通过数据共享可以实现不同医疗机构之间的信息共享和互认，提高医疗质量和效率。

（三）趋势三：数据要素规范化

随着数据要素的不断应用，如何保证数据的准确性和可信性成为一

---

① 周剑:《数字化转型十大趋势》[EB/OL]，数字化转型高峰论坛暨两化融合管理体系升级版贯标工作推进会，中国网，2023 年 3 月 30 日，https://fj.china.com.cn/Home/Index/article_show/id/28380.html。

个重要问题，需要加强数据要素的规范化管理，制定相关的标准和规范，保证数据的准确性和可信性。如在金融领域中，通过对数据的规范化管理可以保证金融交易的公平性和透明性，维护金融市场的稳定和健康发展。

五、数字化迎来安全发展历史机遇

（一）趋势一：数据安全成为数字化发展基石

全球数据安全博弈加速白热化，数据安全成为影响国家竞争力的关键因素，数据安全成为战略布局重点，数据安全监管力度持续加大。随着数据应用的集中化，需求侧受政策要求与数据价值驱动，逐步开展以数据为中心的安全体系建设，网络安全服务于数字化产业，主要包括基础设施安全和数字化业务安全。

数据安全是数字化业务安全的核心，也是未来网络安全产业发展的核心驱动力。数据安全作为新一代信息安全领域核心，已获得市场认同。在总体的数据安全市场中，国内厂商的份额已经超过一半，在安全硬件市场中占有主导地位，传统网络安全厂商业务中心也逐步移向数据安全领域。数据安全未来具有持续的热度，供应侧受市场需求引导，进行产品服务的迭代升级，数据安全建设开始由产品向体系化发展。"东数西算"、全国一体化政务大数据体系建设等国家重大战略规划对数据安全产业是一个契机，将改变我国数据安全长期以来零散建设、不成体系的局面，将推动我国数据安全产业迈向一个新的阶段。

（二）趋势二：技术持续演进，形成多个创新赛道

据世界知识产权组织《2023 年全球创新指数》① 报告显示，科技集群指数是体现经济体创新最为关键的要素之一，中国首次成为科技集群上榜数量最多的国家，拥有 24 个科技集群。从 Gartner 发布的《2023 年中国网络安全技术成熟度曲线》② 来看，随着数字化转型进入深水区，数

---

① World Intellectual Property Organization："Global Innovation Index 2023 16th Edition"［EB/OL］,（2023.9）［2023.9］.

② Gartner："Hype Cycle for Security in China 2023"［EB/OL］,（2023.10）［2023.10］.

据安全是在中国运营的组织的首要安全任务，创新触发点仍是技术成熟度曲线中最拥挤的部分。数据安全平台、数据风险评估、入侵与攻击模拟、攻击面管理、软件成分等创新技术仍处于快速上升期，市场普及度和采用率均有所增加。同时，2023 年技术成熟度曲线新增了四项创新，分别为数据安全治理、暴露面管理、安全隐私、安全服务边缘。

数据安全治理是由安全、隐私和其他合规性问题引起的业务风险进行评估、确定优先级并减轻其风险的综合性技术，该技术的成熟度被评价为"新兴"，目前的市场渗透率为目标受众的 1% 至 5%。暴露面管理是涵盖一系列流程与技术的综合性方法，旨在助力企业持续、稳定地评估自身数字资产的可见性，并核实其脆弱性和可访问性。当前，该技术在目标受众中的市场渗透率为 1% 至 5%。安全服务边缘可保护对 Web、云服务和私有应用程序的访问，提高了组织灵活性，以确保 Web、云服务和远程工作的使用安全。

安全和隐私法规是国内的另一个热门话题，合规风险和潜在的违规处罚是真实存在的。在我国，个人信息保护法规日益完善，为维护公民隐私权益提供了有力保障。《个人信息保护法》作为核心法律，对数据处理活动进行了严格规范，隐私信息受到《个人信息保护法》，以及相应行业、跨行业和跨境数据传输法规的监管。未来数据处理者将受到严格监管，因此，必须在其市场增长战略中考虑隐私问题，特别是在与国家安全相关的领域，如金融服务和在中国的跨国业务。

（三）趋势三：数字安全产业加速发展

整体上，数字安全产业链协同发展，使得数字安全产业的竞争力不断提升，进而推动了数字安全市场的繁荣发展。

数据成为重要生产要素，数据安全领域将保持快速增长。全球数据安全监管趋势，推动数据安全产业业态向着服务化和细分化方向转型。我国政府颁布《数据安全法》迎合了数据安全合规发展的契机，除了鼓励数据安全创新产品和技术的研发外，要更加积极打造数据安全创新服务业态，面向重点行业开展数据安全综合服务能力体系构建。重点发展数据安全保险、大数据安全审计、安全态势感知、大数据安全情报分析等服务业态、数据安全咨询/培训等，以服务业态创新提升中国数据安全产业能级。

信创产业在我国加速渗透，2023 年其市场规模已达到 18710.59 亿元，复合增长率达到 26.99%[①]。在信创发展的浪潮下，与信创紧密相关的终端安全产品、网络安全产品以及其他创新产品需求呈现持续上升趋势。商用密码应用领域不断扩大，商用密码产业应用与创新发展已延伸到金融领域、国家基础设施、数字经济、数字治理等重要领域，在信创产业和商用密码应用的带动下，网络安全产业链上下游企业加强合作，形成了良好的产业生态。产业链上游的企业加大技术创新力度，提供高性能的安全产品和解决方案；下游企业则聚焦行业应用，为用户提供定制化的网络安全服务。

关键信息基础设施行业网络保护体系不断完善，进一步扩展网络安全市场空间。在国家政策的推动下，我国关键信息基础设施行业的网络保护体系日益健全，各级政府、企业和公共事业单位对网络安全的需求迅速上升，网络安全厂商纷纷加大研发投入，推出更为先进和适用的安全产品和服务。

六、数字化加速提升全民数字素养

随着数字化的深入发展，数字素养的普及和提升成为一个重要议题，这不仅关乎个人发展，也是推动整个社会向数字化转型的关键因素。数字化时代，未来所有人都将成为数字人才，全民数字素养与技能提升意识的觉醒是一个长期的过程，需要全社会的共同努力。社会各界正在积极探索如何更好地提升公众的数字素养，数字教育发挥着至关重要的作用。学校、培训机构和在线教育平台纷纷推出数字技能课程，从基础的知识和技能培训到高阶的实践应用，涵盖了各个层次的学习需求。只有不断提高公众的数字素养，才能更好地适应数字化时代的发展需求，推动社会的进步和发展。

（一）趋势一：差异化概念名称的内涵逐渐趋于统一

中文和英文中均有多个词汇用来描述与数字化相关能力，如数字素

---

① 《2023 年中国信创产业研究报告》［R］，第一新声，2023 年 5 月 17 日，ht-tps：//baijiahao. baidu. com/s？id = 1767401839485067464&wfr = spider&for = pc。

养（Digital Literacy）、数字技能（Digital Skills）、数字能力（Digital Competence）等①。在宏观视角下，这些术语的内涵正逐渐统一并超越狭义的字面意义。以"数字技能"为例，它不再局限于实际操作层面的数字技术，而是扩展到更广泛领域，涵盖了数字化相关知识、实践技能和正确态度。这种趋势反映了人们对数字化时代所需能力的全面认识，强调了数字化不仅是一种技术能力，更是一种综合的素养和竞争力。

（二）趋势二：数字素养是多元素养的复杂交织

数字素养与21世纪核心素养、科学素质之间关系紧密。科学素质作为一个人全面发展的基础，其在数字时代得到了新的表达和体现，即数字素养，其不仅涵盖了21世纪核心素养所具备的数字技术应用操作能力、创新意识、批判思维、责任态度等能力，还具有一些核心素养所未能涵盖或并未成为重点关注的核心内容，如计算思维。计算思维作为一种解决问题和创新的方法，应用范围广泛，涵盖了诸如编程、数据分析、人工智能等多个领域，作为数字素养的一部分，对于理解和应用数字技术具有重要意义，也对培养未来科技创新人才具有深远影响。因此，倡导各类素质研究深挖特色内涵，在异质交融中推进和实现人的全面发展。

（三）趋势三：各方在数字素养的能力框架上基本达成共识

对比分析联合国教科文组织、国际经济合作与发展组织等国际知名机构所发布的数字素养框架，不难发现它们所列出的能力域范畴基本一致，主要包括信息获取及评价、交流分享及协作、内容创建及使用、数字安全与伦理、数字思维与问题解决等维度。尽管表述上略有差异，但本质上存在许多共同点，这为不同国家和组织在培养和提高数字素养方面有着共同的目标和期望，有助于我们更好地理解和评估个体在数字时代的综合能力和表现。

综上，数字化作为一种革命性的力量，正在深度融入全球经济社会各个方面，不仅为经济发展注入新动能，还为城市治理、民生改善、文化交流等领域带来前所未有的机遇，数字化成为构建数字命运共同体的

---

① 胡俊平、曹金、董容容、高宏斌、王挺：《全民数字素养与技能评价的发展与实践进路》［J］，《科普研究》，2023年第5期，第5—13页。

重要支柱，在全球范围内引发深刻的产业变革和社会转型。面对数字化带来的机遇，各国应携手共进，共同推动全球数字命运共同体的发展，造福全人类。

第二节　数字化科技创新趋势

根据全国科学技术名词审定委员会、国际云安全联盟大中华区、腾讯研究院等诸多权威机构对数字技术趋势的研判，本节梳理列举出六大科技趋势关键词：大语言模型①、生成式人工智能②、量子计算③、脑机接口④、数据要素、Web3.0。

一、大语言模型

大语言模型是基于海量文本数据训练的深度学习模型，是实现 AIGC 的其中一种技术。它不仅能够生成自然语言文本，还能够深入理解文本含义，处理各种自然语言任务，如文本摘要、问答、翻译等。2023 年，大语言模型在吸纳新知识、分解复杂任务，以及图文对齐等多方面都有显著提升。随着技术的不断成熟，它将不断拓展其应用范围，为人类提供更加智能化和个性化的服务，进一步改善人们的生活和生产方式。

大语言模型作为人工智能的重要分支，其应用领域已经涉及众多行业。在教育领域，大语言模型可以作为智能教学助手，为学生提供个性化的学习方案，同时协助教师进行高效的教学管理。医疗领域中，大语言模型可以辅助医生诊断病症，为患者提供精准的治疗建议，还能参与

---

① 《大语言模型、量子计算、再生稻等入选 2023 年度十大科技名词》，中国新闻网，2023 年 12 月 26 日，http：//www.chinanews.com.cn/gn/2023/12 - 26/10135332.shtml。

② 中国信息通信研究院和京东探索研究院：《人工智能生成内容》［EB/OL］，（2022.9）［2023.9］。

③ 国际云安全联盟 CSA：《2024 年十大数字技术趋势与其安全挑战》［EB/OL］，（2024.1）［2024.1］。

④ 中国信息通信研究院：《脑机接口技术发展与应用研究报告（2023 年）》［EB/OL］，（2023.12）［2023.12］。

科研工作，挖掘疾病与基因之间的关联。此外，在金融、法律、传媒等领域，大语言模型也能发挥巨大的作用，助力专业人士高效地完成各种任务。在商业领域，企业可以利用大语言模型进行智能客服、市场调研、竞争对手分析等，以提高企业竞争力。同时，大语言模型还可以用于智能推荐系统，依据用户兴趣与需求，为其提供量身定制的产品与服务，既有助于提升用户体验，还能促进企业营收增长。在社会治理方面，大语言模型也具有巨大潜力。政府部门可以利用大语言模型进行政策解读、舆情监测、公共安全分析等，以提高社会治理水平，从应用深度看，大模型在政务领域的认知率、利用率达较高水平，应用前景广阔[①]。此外，大语言模型还可以用于智能语音助手、无障碍服务等领域，为残障人士提供便利。但随着模型规模的不断扩大，训练数据中的敏感信息可能泄露，给个人和企业带来损失。

大语言模型作为人工智能技术的重要方向，在未来将发挥越来越重要的作用。在不断拓展应用领域的同时，我们还需关注潜在的风险和问题，数据安全和隐私保护成为亟待解决的问题，推动大语言模型技术的健康发展，为人类创造更美好的未来。

二、生成式人工智能

生成式人工智能是一种运用精密算法、模型与规则，从海量数据中学习，以生成全新原创内容的技术。这项技术能够创造文本、图片、声音、视频和代码等多种类型的内容，全面超越了传统软件的数据处理和分析能力。2022 年末，ChatGPT 标志着这一技术在文本生成领域取得了显著进展，2023 年被称为生成式人工智能的突破之年。这项技术从单一的语言生成逐步向多模态、具身化快速发展[②]。在图像生成方面，生成系统在解释提示和生成逼真输出方面取得了显著的进步。

同时，视频的生成技术也在迅速发展，2024 年 2 月 Sora 的横空出

---

① 中国信息通信研究院：《数字时代治理现代化研究报告（2023 年）》［EB/OL］，（2023.12）［2023.12］。

② 泰伯智库：《2024 年十大科技与产业趋势研究报告》［EB/OL］，（2024.1）［2024.1］。

世,为虚拟现实和元宇宙的实现提供了新的途径。通过精准分析文本内容,生成逼真的视频场景,同时人物表情也能生动表现,已很难分辨AI虚拟和现实世界的界限。生成式人工智能技术在各行业、各领域都具有广泛的应用前景。在教育领域,生成式人工智能可以创建个性化的教学内容,满足学生的不同需求。在医疗保健领域,这项技术可以协助医生诊断疾病,为患者提供更为精准的治疗方案。在创意产业中,生成式人工智能可以帮助艺术家和设计师快速创作出独特的作品。此外,它在金融、法律、物流等领域也有着广泛的应用,提高了工作效率,降低了成本。

生成式人工智能技术已经展现出强大的潜力和广阔的应用前景。只要我们妥善解决安全、伦理和社会问题,这项技术将为人类带来前所未有的创新和变革。

三、量子计算

与经典计算不同,量子计算遵循量子力学规律,它是能突破经典算力瓶颈的新型计算模式。量子计算机,作为执行量子计算任务的设备,以量子比特(qubit)为基本运算单元。研制量子计算机是实现量子计算的关键,量子计算机包括离子、中性原子、光子等天然量子比特路线,以及超导约瑟夫森结、量子点等人工量子比特路线。量子计算机的研制进程一直备受瞩目,其突破性的性能吸引了全球科研领域的关注。我国在量子计算机领域的发展也日益显现出国际竞争力。2023年,光学系统"九章号"在量子计算领域取得了重要成果,实验演示了量子计算优越性。这一突破性的研究为我国在未来量子计算的发展奠定了坚实基础。超导系统"祖冲之号"同样取得了令人瞩目的成果,展示了超导量子比特在量子计算中的应用潜力。这两大系统的成功,使得我国在量子计算机领域的研究跻身世界前列。

尽管,量子计算机已经取得显著进展,但仍然面临诸多挑战。量子比特的稳定性、误差纠正技术、可扩展性等问题都需要研究人员不断努力去解决。此外,量子计算机的应用场景和发展前景也亟待进一步探索。

量子计算机作为新型计算模式,具有巨大的应用潜力。量子计算机的研制与创新将不断推动我国在科技领域的崛起。在突破经典计算机算力瓶颈的基础上，量子计算机将为我国在信息、材料、生物等多个领域带来革命性的变革。

四、脑机接口

脑机接口技术是一种变革性的人机交互技术。其作用机制是绕过外周神经和肌肉，直接在大脑与外部设备之间建立全新的通信与控制通道[①]。该技术通过捕获大脑信号并将其转化为电信号，从而实现信息的传输与控制。2023 年，科学家们已成功研发出一种将神经信号转化为接近正常对话语速的脑机接口。在北京，全球首例非人灵长类动物介入式脑机接口试验取得了圆满成功，促进了介入式脑机接口从实验室前瞻性研究向临床应用迈进[②]。2024 年 2 月，由马斯克创立的脑机接口公司 Neuralink，完成首例人类大脑芯片植入，首个产品名为"心灵感应"。清华大学与首都医科大学宣武医院联合研究团队完成了首例无线微创脑机接口临床植入试验。这是脑机接口技术的一项重要里程碑。

脑机接口技术的潜力巨大，如在医疗领域，脑机接口技术可以辅助瘫痪患者恢复行动能力，帮助失语患者恢复沟通能力，甚至可以用于治疗心理疾病。在教育领域，脑机接口可以提高学习效果，通过捕捉学生的脑信号，了解其注意力集中度和学习困难所在，实现个性化教育。在娱乐领域，脑机接口技术让虚拟现实游戏更加真实，使玩家感受到更为沉浸式的游戏体验。在工业领域，脑机接口可以提高生产效率，实现人机协同作业，降低事故发生率。此外，该项技术还在军事、航空航天等领域具有广泛的应用前景。然而，脑机接口技术的发展也面临诸多挑战。首先，信号采集和解析技术仍有待进一步提高，以实现更准确、更高效的信息传输。其次，需要重点关注安全性和生物相容性问题，避免因长

① 《大语言模型、量子计算、再生稻等入选 2023 年度十大科技名词》，中国新闻网，2023 年 12 月 26 日，http：//www.chinanews.com.cn/gn/2023/12—26/10135332.shtml。

② 中国信息通信研究院：《脑机接口技术发展与应用研究报告（2023 年）》[EB/OL]，（2023.12）[2023.12]。

时间佩戴脑机接口设备而对人体造成伤害。此外，隐私保护和伦理问题也是脑机接口技术发展过程中必须面对的挑战。

总之，脑机接口技术将为人类带来前所未有的机遇，我们有理由相信，在不久的将来，这一技术将引领人类迈向一个更加美好的未来。

五、数据要素

数据，作为新兴的生产要素，构成了数字化、网络化和智能化的基石，并已迅速渗透至生产、分配、流通、消费以及社会服务管理等各个环节①，正深刻改变着我们的生产方式、生活方式以及社会治理方式。数据要素特指那些以电子形式存在、能够通过计算方式参与生产经营活动并发挥重要价值的数据资源②，推动了数字化转型，提升了社会效率，推动了创新发展。在数字化时代中，数据要素的角色可与传统的生产要素（如劳动力、资本和土地）相提并论。数据要素是推动数字化发展的核心引擎，是赋能行业数字化转型和智能化升级的重要支撑，也是国家基础性战略资源。我国于 2023 年正式成立国家数据局，负责协调推进数据基础制度建设，统筹数据资源整合共享和开发利用，统筹推进数字中国、数字经济、数字社会规划和建设等。国家数据局的成立不仅体现了对数据资源的战略性管理和规范化利用的需求，也体现了国家层面对数字化发展和数据治理的重视。在全球范围内，数据已成为各国争夺未来发展制高点的关键领域。

总之，数据要素已深入到经济社会发展的方方面面。我们充分认识数据要素的重要性，加强数据资源的管理和利用，推动数字化发展，为构建数字中国、促进经济社会发展贡献力量。同时，也要关注数据治理、数据安全等方面的问题，确保数据资源的安全、合规、高效利用，为我国赢得未来发展的主动权。

---

① 张君、张尚清、田燕翔、廖文睿：《关于数据要素价值化的探索实践与思考》[J]，《计算机时代》，2022 年第 11 期，第 89—91 页。

② 姚昊炜：《学习贯彻习近平关于数据要素的重要论述》[J]，《上海经济研究》，2024 年第 1 期，第 29—39 页。

六、Web3.0

Web3.0（World Wide Web 3.0），指下一代互联网概念或模式，是对较为成熟的 Web2.0 的改进升级版，但仍没有被广泛接受的定义，而被认为是一个相对的概念，甚至可以简单理解为新一代的互联网，不同层面，对于 Web3.0 都有不同的理解。

Web3.0 将成为推动数字经济发展的价值引擎，是一个运行在"区块链"技术之上的"去中心化"的互联网，是驱动元宇宙的基础建设技术。

Web1.0 是互联网诞生之初的时代，互联网基本上是"只读"模式的，可以登录各大门户网站浏览和阅读任何想要看到的新鲜资讯，但只能看不能互动。如网易、新浪等门户网站。现在正处于 Web2.0 时代，社交媒体兴起，用户可以做出各种交互，如在社交平台通过自己制作、发布内容成为具有重要影响力的网络博主，直接影响平台的数据和流量，催生出以用户生产和分享内容为主导的全新互动网络模式。

未来将是 Web3.0 时代，是一个相对去中心化的，以用户个人数字身份、数字资产和数据完全回归个人为前提的自动化、智能化的全新互联网世界。用户的每一个互动都被记录并且量化，用户掌握自己的数据所有权和使用权，并公平地参与到由此产生的利益分配中，互联网将随着用户的需求和使用而发展，最终归于用户。

第三节　我国数字化发展面临的挑战

数字化作为一种引领时代发展的重要趋势，为社会进步创造了前所未有的机遇。然而，正如一枚硬币具有两面性，数字化在为我们带来繁荣与便捷的同时，也伴随着诸多挑战。本节我们将从多个层面分析数字化所带来的挑战。

一、数字治理体系和监管规则亟须健全

数字规则是全球数据竞争的重要利器，是数字化时代掌握话语权的重要制度基础，但是我国数字规则存在与数字化发展地位和速度不匹配、

不适应问题。一是国际上发达国家把持数字规则严重冲击我国数据治理体系。美国依靠其数字技术和数字化先行者优势奠定数字监管全球治理体系，欧盟也依靠其统一大市场优势，较早建立了数据监管制度体系。全球数字规则已形成欧盟模式和美国模式"二分天下"的局势，我国数字化话语权较弱，欧美利用数字规则域外效力主导全球数字化竞争方向，直接影响我国数据主权安全。二是我国数字制度建设滞后于数字化发展。我国数字化制度建设与数字化快速发展的现实不相匹配，成为数字化发展的掣肘。当前，关于数据权属确认、数据交易规则、数据流通体系、数据安全监管等制度体系、法律法规以及标准规范等还不健全，企业之间由于业务架构和系统的差异，使得数据连通、整合与共享的成效不佳，"数据孤岛"问题尚未得到解决，持续影响"数字红利"的充分释放。

二、数字化关键核心技术创新亟待增强

是否掌握数字化主导技术路线和关键技术直接关系国家数字化竞争力，但是我国数字化在关键核心技术与技术路线选择上存在被压制风险。总体看，我国关键技术创新领域仍面临自主可控程度不高、受制于人的局面尚未根本扭转的挑战。一是我国数字化关键核心技术对外依存度较高。高端芯片、工业控制软件、核心元器件、基本算法等300多项与数字产业相关的关键技术仍然受制人[①]，数字技术的产业化应用、工程化推广、商业化运作缺乏成体系推进，对我国数字化发展安全稳定性形成挑战。二是我国数字化的底层技术逻辑被替代风险大。过去十多年，我国数字化的崛起主要是建立在以5G为代表的"软硬件一体化"数字化技术路线选择上，庞大的数字化基础设施建立了数字化发展的重要基础。但是，发达国家凭借其在基础软件和芯片技术上的优势重构全球数字化技术路线，极力倡导以"开源"取代"软硬件一体化"，通过接口标准、核心软件和底层芯片重新定义数字化基础，我国数字化底层技术逻辑被冲击风险大。三是供应链的网络安全风险同样不容忽视。随着互联网的普

---

① 李诚浩、任保平：《数字经济驱动我国全要素生产率提高的机理与路径》[J]，《西北大学学报（哲学社会科学版）》，2023年第4期，第159—167页。

及和电子商务的发展，供应链的网络安全问题越来越突出。如网络黑客可能会对企业的供应链系统进行攻击，窃取商业机密或者破坏供应链的正常运行。

三、数字与实体经济融合程度有待提升

我国数字化规模虽稳居全球第二，但整体上数实融合程度还比较低，发展还不平衡，企业数字化转型成本比较高。一是我国三大产业数实融合程度不平衡性大。据中国信通院统计，截至 2022 年底，我国一、二、三产业数字化渗透率分别为 10.5%、24.0% 和 44.7%[①]，第三产业数字化发展较为超前，一、二产业数字化转型明显滞后，这将极大地影响劳动生产率的提高。二是数实融合程度明显滞后于发达国家水平。《全球数字经济白皮书（2022 年）》显示，全球一、二、三产业的数字化水平最高分别超过 30%、40%、60%，我国三大产业数字化渗透率与发达国家差距较大，即使数字化程度最高的三产也低于发达国家平均水平 7~8 个百分点。三是不同行业、不同区域、不同群体之间的数字鸿沟有扩大趋势。从三大产业看，数字化在三大产业中的渗透率均不断提升，但是三大产业数字化覆盖不均衡问题突出。从不同行业数字化发展看，科学研究和技术服务业的数字化转型步伐较快，文化体育和娱乐业、批发和零售业以及租赁和商务服务业数字化发展速度更加迅猛[②]，这些行业正通过数字化手段实现业务模式的创新和服务的优化，农、林、牧、渔等行业数字化转型相对缓慢，需要更多时间和资源来适应和应用数字技术。从不同地区产业数字化程度看，上海、海南、福建、北京等省市产业数字化程度位居前列，贵州、黑龙江、甘肃、云南的产业数字化程度较低[③]，东西部地区数字化发展水平差异较为明显，使得东西部地区间的发展差

① 中国信息通信研究院：《中国数字经济发展研究报告（2023 年）》［EB/OL］，（2023.4）［2023.4］。

② 李诚浩、任保平：《数字经济驱动我国全要素生产率提高的机理与路径》［J］，《西北大学学报（哲学社会科学版）》，2023 年第 4 期，第 159—167 页。

③ 杨道玲、傅娟、邢玉冠：《"十四五"数字经济与实体经济融合发展亟待破解五大难题》［J］，《中国发展观察》，2022 年第 2 期，第 65—69 页。

距进一步拉大。

第四节　数字化发展建议

在上述对数字化发展趋势剖析、数字技术前景预测以及对我国所面临的挑战分析的基础上，本节将提出一系列数字化发展建议，希望通过这些建议激发读者对未来发展的思考。

一、完善数字治理体系

随着数字时代的深入发展，业务复杂度和数据量呈现出前所未有的增长态势，数字安全面临的挑战也愈发严峻。在此背景下，建立一套完善的数字治理体系已经成为不可或缺的竞争力。而探索符合数字化特征的新型监管模式，则是确保数字治理体系有效运行的必要手段。传统的监管模式往往侧重于事后监管和惩罚，而新型监管模式则更加注重事前预防和引导。在探索新型监管模式的过程中，需要充分发挥各方的优势和作用。政府应出台相关法律法规，明确数字治理的规范和标准，加大对违规行为的惩戒力度；企业应加强内部管理，完善数据安全保护机制，增强员工的安全意识和操作规范；社会应发挥监督作用，对企业进行全方位的监督和评价，促进企业不断改进和完善数字治理体系。

我们需要采取一系列措施。一是要推进数字治理法治化、标准化和规范化，强化协同治理和协同监管。加快数字安全立法进程，明确界定数据产权归属，完善数据开放共享、数据确权、数据交易、知识产权保护、隐私保护及安全保障等方面法律法规进行标准化与规范化管理。加快建立全方位、多层次、立体化监管体系，强化跨部门、跨层级、跨区域协同监管。加强数据安全治理是关键，需要制定严格的数据管理制度，确保数据的合法收集和使用，防止数据泄露和滥用。

二是要强化政府数字化治理能力。着力实施数字安全治理能力提升工程，有效发挥数字技术对规范市场、鼓励创新、保护消费者权益的支撑作用。建立完善基于大数据、人工智能、区块链等新技术的统计监测和决策分析体系，提升数字安全治理的精准性、协调性和有效性，加强数字化统计监测，有效监测和防范大数据、人工智能等技术滥用可能引发的经济、社会和道德风险。强化产权和知识产权保护，严厉打击网络侵权和盗版行为。

三是建立完善政府、平台、企业、行业组织和社会公众多元参与、有效协同的数字治理新机制，形成治理合力，强化反垄断和防止资本无序扩张，推动平台经济规范健康持续发展。

四是加强国际交流与合作。在全球范围内，数字治理面临的问题具有相似性，各国在数字治理方面有许多可以相互借鉴的经验。通过加强国际交流与合作，我们可以共同应对数字治理的挑战，推动全球数字治理体系的完善。

在数字治理体系不断完善的过程中，我们还要关注新技术新业态的发展，鼓励创新，培育新的经济增长点。同时，注重发挥市场在资源配置中的决定性作用，促进数字经济与实体经济的深度融合，为我国经济的高质量发展提供有力支撑。

完善数字治理体系是一项系统性、全面性的工程，需要政府、企业、社会各方共同努力。我们应积极探索符合我国国情的数字治理路径，加强数字治理体系的建设，确保数字经济的健康有序发展，为我国经济社会的持续繁荣贡献力量。

二、加快关键核心技术研发

为加快关键核心技术的研发，我们需要采取一系列措施来增强关键技术创新能力，提升基础软硬件、核心电子元器件、关键基础材料和生产装备的供给水平，强化关键产品自给保障能力。

一是我们需要瞄准传感器、量子信息、网络通信、集成电路、关键软件、大数据、人工智能、区块链、新材料等战略性前瞻性领域，提高数字技术基础研发能力[1]。实施数字技术创新突破工程，集中突破高端芯片、操作系统、工业软件等领域关键核心技术，集中突破智能制造、数

---

[1] 许先春：《习近平关于发展我国数字经济的战略思考》[J]，《中共党史研究》，2022年第3期，第17—30页。

字孪生、边缘计算、脑机融合等集成技术。

二是我们需要重点布局下一代移动通信技术、量子信息、神经芯片、类脑智能、第三代半导体等新兴技术，推动信息、生物、材料、能源等领域技术融合和突破。这些领域的研发对于我国未来的发展至关重要，只有通过集中力量进行突破，才能够尽快改变关键技术领域创新能力不足、不能自主可控以及受制于人的局面。

三是我们要加强产学研用协同创新，建立产学研用深度融合的技术创新体系。加强企业与高校、科研机构的合作，共同开展关键核心技术研发，推动科技成果的转化和应用。同时，需要加强人才培养和引进，建立完善的人才激励机制，吸引更多的优秀人才加入关键核心技术研发的行列中来。

加快关键核心技术的研发是我国未来发展的必由之路。只有通过加强创新能力、提高基础软硬件供给水平、集中突破关键核心技术、重点布局新兴技术、加强产学研用协同创新和人才培养引进等措施，才能够实现我国在关键技术领域自主可控，不受制于人。这不仅有利于我国的发展和安全，也能够为全人类的科技进步做出更大的贡献。

三、加快培育数据要素市场

数据要素已渗透到国民经济各个环节和社会生活各个角落，要加快培育数据要素市场，充分发挥市场在数据要素配置中的决定性作用，大力挖掘数据价值。着力实施数据质量提升工程，强化高质量数据要素供给，提升数据资源处理能力。

一是加快数据资源标准体系建设。推动数字化共性标准、关键技术标准的制定和推广，打破技术和协议壁垒，实施数据要素市场培育试点工程，完善数据交易机制，加快数据要素市场化流通。探索建立多样化的数据开发利用机制，挖掘商业数据价值，推动数据价值产品化、服务化，促进数据、技术、应用场景深度融合。

二是健全数据要素合规交易流通规则体系。建立健全数据流通交易制度体系，研究数据交易场所管理制度。健全完善数据中介服务机构、数据商、第三方专业服务机构管理办法以及便于流通的数据交易规则，规范数据要素流通交易市场主体与数据产品准入要求，确保流通数据来源合法、隐私保护完善、交易行为合规。推动建立数据要素市场价格形成机制，编制价格指数。

三是推动公共数据有偿使用。企业与个人信息数据市场自主定价。探索数据资产评估和金融创新，建立数据资产评估标准，实施数据资产质量和价值评估。将国有企业数据资产纳入国有资产保值增值激励机制。

四是建设数据资产评估服务基地。探索数据资产入表。在风险可控前提下，探索金融机构开展数据资产质押融资、保险、担保等创新服务，将数据要素型企业数据资产质押贷款纳入信贷风险补偿资金支持范畴。加大数据商和第三方数据服务中介机构上市融资扶持力度，支持西部数据交易中心与证券机构合作，探索数据资本化路径。

四、强化数字安全保障

随着全社会的数字化进程不断加速，数字安全已成为数字化发展的基础。在这个机遇与风险并存的时代，数字安全的基础性作用日益突出，衍生出安全新形势、新需求，驱动安全界限不断向泛网络空间拓展，推动安全概念迭代升级。

在数字时代，业务复杂度和数据量均呈几何式增长，数字安全面临着前所未有的挑战。为了应对这些挑战，我们必须以强化免疫为根本，在业务设计阶段就开始确立同步的安全理念。这意味着我们需要结合"强自身"和"强组织"双轮并行驱动，摒弃传统安全观念，融合现有资源，构建以安全和业务统建统管为基础，强化以数据为核心要素的全流程、全生命周期数据安全治理的安全架构，形成自上而下、由外而内的协同机制。通过这种治理方式，可形成具有自学习、自适应、循环演进的安全能力，从而筑牢面向未来的可信可控数字安全屏障。

为实现这一目标，我们需要采取一系列措施。一是加强数据安全治理。我们需要制定严格的数据管理制度，确保数据的合法收集和使用，防止数据泄露和滥用。同时，需要建立完善的数据备份和恢复机制，以应对可能的数据丢失或损坏。

二是加强网络安全防御。我们需要采用最新的网络安全技术，建立多层次、全方位的网络安全防御体系。这包括防火墙、入侵检测、病毒防范等方面的措施，以确保网络系统的安全稳定运行。

三是增强员工的安全意识。我们需要定期开展安全培训和教育，使员工了解最新的安全威胁和防范措施，增强自身的安全防范意识和能力。同时，需要建立完善安全责任制度，明确各级人员的安全职责，确保安全工作的有效落实。

完善数字安全保障体系是数字化发展的必然要求。只有建立起符合数字化特征的新型监管模式，才能更好地应对数字时代带来的机遇和挑战。在这个过程中，各方需要共同努力、协同合作，共同推动数字治理体系的不断完善和发展。

五、提升全民数字素养

随着科技的飞速发展，数字技术已经渗透到我们生活的方方面面。数字素养，作为现代社会公民的基本素质，显得尤为重要。它不仅关乎个人的生活品质，更是国家竞争力的体现。提升全民的数字素养，对于应对数字化挑战、抓住数字化机遇，无疑是一项关键的战略任务。

数字时代带来了层出不穷的新工具，如5G、区块链、人工智能、超高清视频、虚拟现实等。这些新技术不仅改变了我们的生活方式，也对我们的技能提出了新的要求。作为数字时代的"局内人"，我们需要主动拥抱这些变化，不断提升对新技术的掌握和使用能力。这不仅有助于提高工作效率，也能为创新提供无限可能。

一是政府、企业和教育机构在提升全民数字素养方面扮演着重要角色。政府应出台相关政策，鼓励数字技术的研发和应用，为企业和个人的创新提供有力支持。企业应发挥自身优势，通过提供培训和实践机会，帮助员工提升数字技能。教育机构则应改革和创新教育体系，将数字技能教育纳入课程体系，培养具备数字素养的新时代公民。

二是提升全民数字素养还涉及增强个人的信息素养和网络安全意识。在数字化时代，信息安全和隐私保护变得尤为重要。我们应学会识别网络谣言、电信诈骗、信息窃取等违法违规行为，提高对网络攻击和不良信息的辨识能力。这不仅能保护自己的合法权益，也能促进网络空间的清朗。

总的来说，提升全民数字素养是数字化时代的必然要求。通过政府、企业和教育机构的共同努力，我们有望打造一个更具活力、创新力和安全性的数字社会。

六、培养数据安全治理人才

随着数字化时代的到来，数据安全治理已经成为国家安全的重要组成部分，而人才是实现数据安全治理的关键因素之一。为了保障国家安全，我们必须培养一支具备高度专业素养和技能的数据安全治理人才队伍。

数字人才是数字化发展的核心驱动要素，也是保障国家数据安全的基础。当前，我国数字化人才、数字安全人才数量还存在较大缺口，因此需要进一步完善"高端人才筛选——基础人才培育——实用人才培训"的培养体系。通过这样的培养体系，我们可以从各个层面培育出具备专业素养和技能的数据安全治理人才。

一是我们需要重视高端人才的引进和培养。这些人才具备高度的战略眼光和领导能力，能够引领数据安全治理的方向。可以通过与国际知名企业和机构合作，引进先进的技术和管理经验，同时，加强自身的研发和创新，培养出具备国际竞争力的数据安全治理高端人才。

二是我们需要加强基础人才的培育。这些人才是数据安全治理的基石，具备扎实的基础知识和技能。可以在高等院校中开设相关的专业课程，培育具备数据安全治理基础知识的人才，还可以通过开展社会培训和职业培训，提高基础人才的技能水平和实践能力。

三是我们还需要注重实用人才的培训。这些人才具备实际操作能力，能够应对各种数据安全治理问题。可以通过与行业相关企业的合作，开展针对性的培训课程和实践项目，提高实用人才的技能水平和应对能力。

培养数据安全治理人才对国家安全具有重要战略意义。只有建立完善的培养体系，加强高端人才、基础人才和实用人才的培育和培训，才能打造出一支素质过硬、能力突出的人才队伍，为保障国家安全作出更大的贡献。

七、打造数字命运共同体

打造数字命运共同体，是中国顺应时代发展趋势，践行人类命运共同体理念，为破解全球数字治理难题提出的有效方案。这一理念旨在推动全球数字技术的合作与发展，实现网络空间的共享、共建、共治，让数字技术的红利惠及世界各国人民。

一是构建数字命运共同体，坚决反对数字霸权和数字垄断。随着数字技术的不断创新和普及，全球经济正面临深刻的变革。打造数字命运共同体，需要我们直面数字霸权，阻止霸权主义通过数字技术向全球经济社会生活各领域延伸，要通过多边共商、合作共赢破除数字霸权的单边主义、霸权主义、强权政治①。同时，需要重视数字垄断，通过数据共享，营造公平良好的数字环境，保护用户个人数据隐私，破除平台数字垄断，进而实现共同繁荣。

二是构建数字命运共同体，深化全球数字对话合作交流互鉴。面对全球数字治理的复杂性和挑战性，各国需要加强对话与合作，共同应对网络安全、数据安全、隐私保护等问题。通过构建数字命运共同体，各国通过技术合作、人才培育、政策协调等多方面共同发力，持续深化合作交流，尽可能缩小发展中国家与发达国家的技术差距，从而消弭数字鸿沟，进一步推动全球数字治理体系完善，为全球经济发展和人民生活改善提供有力保障。

三是构建数字命运共同体，加快推进数字应用推广。数字技术为全球文化交流提供了便捷的平台和丰富的内容，并在能源、环保、教育、医疗等领域发挥着重要作用。我们需要借助数字命运共同体，不断推动数字技术在全球范围内应用，为全球可持续发展提供有力支持。

构建数字命运共同体是新时代全球数字治理的重要方向。我国作为世界第二大经济体和重要的网络大国，有责任也有能力为推动全球数字

---

① 中国科协：《时评｜打造数字命运共同体，才能破解全球数字治理难题》[EB/OL]，百家号，2023年12月28日，https：//baijiahao. baidu. com/s? id = 178652 6647483993147&wfr = spider&for = pc。

治理作出贡献。在实践过程中，要持续秉持人类命运共同体理念，从机制完善、规则制定、新产品研发、基础设施建设、文化交流等方面着手，凝聚全球数字治理合力，共谋全球数字治理之道，携手打造数字命运共同体，共创数字时代更加安全、繁荣、美好的未来。

综上，数字化转型已成为我国迈向美好未来的必由之路。为了更好地迈向数字化未来，政府、企业和个人要携手共进，以坚定的决心和务实的举措，积极适应数字化时代，主动拥抱数字化转型，紧紧抓住数字化发展的历史机遇，推动我国数字化发展不断迈上新的台阶，开创数字化未来。

本章小结

数字化未来是探索与应对的双重挑战，数字化发展趋势锐不可当，正全面渗透到各领域各方面，引领产业变革和升级，科技创新作为核心驱动力，将持续推动数字化向前发展。新兴技术如人工智能、大数据、云计算等将进一步释放数字化潜力，为人类生活和工作带来更多便利。然而，数字化发展也面临一系列挑战：数据安全和隐私保护问题日益突出、数字鸿沟加大贫富差距、伦理道德问题引发关注等。为应对这些挑战，需完善数字治理体系、强化数字安全保障、打造数字命运共同体。同时，鼓励跨界合作，推动可持续的数字化发展。总之，数字化未来充满无限可能，但应对挑战需要我们共同努力，以确保技术的安全、健康发展，为人类创造更美好的未来。

参考文献

［1］王卫国、陈东、王贤、马瑞：《数字化本质与运营模式进化的探讨》［J］，《信息系统工程》，2021 年第 11 期，第 10—13 页。

［2］由亚卫：《代理记账行业的现状、对策及发展前景》［J］，《大众投资指南》，2022 年第 6 期，第 122—124 页。

［3］陈春花：《价值共生：数字化时代的组织管理》［M］，北京：人民邮电出版社，2021.11。

［4］杨一帆、邹军、石明明、李月峰、杨波波、王洪荣、施成章、金龙悦、路鑫：《数字孪生技术的研究现状分析》［J］，《应用技术学报》，2022 年第 2 期，第 176—184 页，第 188 页。

［5］袁煜明、王蕊、张海东：《"区块链+数字孪生"的技术优势与应用前景》［J］，《东北财经大学学报》，2020 年第 6 期，第 76—85 页。

［6］丁洪伟、赵东风、赵一帆：《物联网中具有监控功能的离散 1 坚持 CSMA 协议分析》［C］，"Proceedings of 2010 First International Conference on Cellular, Molecular Biology, Biophysics and Bioengineering（Volume 7）"，2010 年。

［7］张汉青：《视联网服务数字经济"四化"发展》［N］，《经济参考报》，2022 年 3 月 4 日，第 A07 版。

［8］杜林、于杰：《应用感知一切》［N］，《中国计算机报》，2014 年 7 月 14 日，第 12 版。

［9］徐被倍：《大数据时代财务管理探析》［J］，《现代经济信息》，2019 年第 15 期，第 210—211 页。

［10］张冰洁：《银行迎接数字化转型"下一站"》［N］，《金融时报》，2023 年 7 月 17 日，第 7 版。

［11］李瑶：《财务公司与元宇宙碰撞能否擦出火花》［J］，《中国集体经济》，2022 年第 23 期，第 70—72 页。

［12］［美］尼尔·斯蒂芬森著，郭泽译：《雪崩》［M］，成都：四川科学技术出版社出版，2018.5。

［13］孟雨：《首个央行数字货币应用场景落户丰台》［J］，《计算机与网络》，2021 年第 1 期，第 14 页。

［14］《数字孪生：物理世界与数字世界的融合》［J］，《航空动力》，2019 年第 4 期，第 55 页。

［15］王咏、朱剑宇、张海峰：《数字经济发展框架和趋势研究》［J］，《信息通信技术与政策》，2023 年第 1 期，第 2—6 页。

［16］《"十四五"国家信息化规划》［EB/OL］，中央网络安全和信息化委员会办公室，2021 年 12 月 27 日，http：//www.cac.gov.cn/2021 - 12/27/c_1642205314518676.htm。

［17］工业和信息化部：《2023 年通信业统计公报》［EB/OL］，（2024.1）［2024.1］。

［18］刘爱民：《工业互联网发展全面开启数字经济新篇章》［J］，《中国新闻发布（实务版）》，2022 年第 4 期，第 19—21 页。

［19］王晓涛：《〈工业互联网创新发展报告（2023 年）〉发布》［N］，《中国改革报》，2023 年 10 月 30 日，第 5 版。

［20］李禾：《推进算力网络建设 让我国面对数据增量暴涨行有余力》［N］，《科技日报》，2022 年 3 月 21 日，第 6 版。

［21］邓平科、张同须、施南翔、张童、邵天竺、郑韶雯：《星算网络——空天地一体化算力融合网络新发展》［J］，《电信科学》，2022 年第 6 期，第 71—81 页。

［22］《雄安区块链底层系统（1.0）发布 为国内首个城市级区块链底层操作系统》［EB/OL］，人民网，2020 年 12 月 14 日，http：//www.rmxiongan.com/n2/2020/1214/c383557 - 34473062.html。

［23］中国信息通信研究院、中国人民大学：《中国智慧农业发展研

究报告》［EB/OL］，（2021.12）［2023.9］。

［24］孔玥、赵冬梅：《数字经济赋能农业可持续发展》［J］，《中国外资》，2022年第9期，第60—62页。

［25］农业农村部信息中心：《中国数字乡村发展报告（2022年）》［EB/OL］，（2023.2）［2023.9］。

［26］云计算标准和开源推进委员会、数字政府建设赋能计划：《数字政府建设与发展研究报告（2023）》［EB/OL］，（2023.9）［2023.9］。

［27］中国信息通信研究院、新华社中国经济信息社：《数字政府蓝皮报告（2023年）》［EB/OL］，（2023.7）［2023.9］。

［28］中山大学数字治理研究中心、中山大学科大讯飞人工智能与政府治理创新联合实验室：《2023年政务服务智能化建设研究报告》［EB/OL］，（2023.8）［2023.8］。

［29］孙杰：《全国首个政务服务大模型场景需求发布》［N］，《北京日报》，2023年7月4日，第1版。

［30］动脉网、蛋壳研究院：《数字医疗年度创新白皮书（2022）》［EB/OL］，（2022.12）［2023.9］。

［31］国家互联网信息办公室：《数字中国发展报告（2022年）》［EB/OL］，（2023.5）［2023.9］。

［32］中国交通报、腾讯智慧交通：《智慧交通观察报告》［EB/OL］，（2023.1）［2023.9］。

［33］《中国互联网发展报告（2023）》，［EB/OL］，央广网，2023年7月19日，https：//tech.cnr.cn/techph/20230719/t20230719_526335070.shtml。

［34］《规模超50万亿 我国数字经济加速跑》［N］，《北京商报》，2023年5月24日，第2版。

［35］国务院新闻办公室：《携手构建网络空间命运共同体》［EB/OL］，（2022.11）［2023.9］。

［36］王巍巍、王乐：《美国数字工程战略发展分析》［J］，《航空动力》，2022年第5期，第23—26页。

［37］刘新、曾立、肖湘江：《〈美国关键和新兴技术国家战略〉述

评》[J]，《情报杂志》，2021 年第 5 期，第 31—38 页。

[38] 傅波：《美发布网络安全战略实施计划》[N]，《中国国防报》，2023 年 7 月 24 日，第 4 版。

[39] NASA："NASA Issues New Space Security Best Practices Guide"[EB/OL]，Dec. 22，2023，https：//www. nasa. gov/general/nasa – issues – new – space – security – best – practices – guide.

[40] 袁珩：《英国发布新版〈数字战略〉》[J]，《科技中国》，2022 年第 12 期，第 101—104 页。

[41] 张运雄、贺彦平、安子栋：《国防网络弹性战略（译文）》[J]，《信息安全与通信保密》，2022 年第 8 期，第 43—50 页。

[42] 李秋娟摘译：《英国发布国家健康数据战略：7 个原则，改善数据访问和使用环境》[EB/OL]，发布于微信公众号"赛博研究院"，2022 年 6 月 28 日。

[43] 李振东、陈劲、王伟楠：《国家数字化发展战略路径、理论框架与逻辑探析》[J]，《科研管理》，2023 年第 7 期，第 1—10 页。

[44] 孙彦红：《新产业革命与欧盟新产业战略》[M]，北京：社会科学文献出版社，2019. 5。

[45] 周美婷：《日本信息化的制度演变及对我国的启示》[J]，《中国国情国力》，2023 年第 9 期，第 75—78 页。

[46] 国务院：《国务院关于印发"十四五"数字经济发展规划的通知》，国发〔2021〕29 号，2022 年 01 月 12 日。

[47] 王晓菲：《〈数字罗盘 2030〉指明欧洲未来十年数字化转型之路》[J]，《科技中国》，2021 年第 6 期，第 96—99 页。

[48] 王乐、孙早：《关注数字经济发展中的隐私保护》[N]，《中国社会科学报》，2021 年 10 月 13 日。

[49] 张烨阳、刘蔚：《美国〈改善国家网络安全的行政命令〉政策理念初探》[J]，《全球科技经济瞭望》，2022 年第 8 期，第 9—15 页。

[50] 孔勇：《2022 年度美国网络安全政策回顾与简析》[J]，《中国信息安全》，2023 年第 1 期，第 73—77 页。

[51]《全球数据安全倡议（全文）》[EB/OL]，新华网，2020 年 9 月

8 日，http：//www.xinhuanet.com/world/2020 – 09/08/c_1126466972.htm。

［52］中国信通研究院：《全球数字经济白皮书（2023 年）》［EB/OL］，（2024.1）［2024.1］。

［53］胡安华：《城市发展深度融入共建"一带一路"》［N］，《中国城市报》，2023 年 10 月 23 日，第 A03 版。

［54］徐金海、周蓉蓉：《数字贸易规则制定：发展趋势、国际经验与政策建议》［J］，《国际贸易》，2019 年第 6 期，第 61—68 页。

［55］《胡锦涛在中国共产党第十八次全国代表大会上的报告》，新华网，2012 年 11 月 17 日，https：//www.12371.cn/2012/11/17/ARTI135315460 1465336.shtml。

［56］中共中央党史和文献研究院编：《习近平关于网络强国论述摘编》［M］，北京：中央文献出版社，2021.1。

［57］国务院：《国务院关于印发促进大数据发展行动纲要的通知》，国发〔2015〕50 号，2015 年 8 月 31 日。

［58］《习近平在第二届世界互联网大会开幕式上的讲话（全文）》，中国政府网，2015 年 12 月 16 日，https：//www.gov.cn/xinwen/2015 – 12/16/content_5024712.htm。

［59］中共中央办公厅 国务院办公厅印发《国家信息化发展战略纲要》，中国政府网，2016 年第 23 号，https：//www.gov.cn/gongbao/content/2016/content_5100032.htm。

［60］《习近平：决胜全面建成小康社会 夺取新时代中国特色社会主义伟大胜利——在中国共产党第十九次全国代表大会上的报告》，中国政府网，2017 年 10 月 18 日，https：//www.gov.cn/zhuanti/2017 – 10/27/content_5234876.htm。

［61］《习近平致首届数字中国建设峰会的贺信》，中国政府网，2018 年 4 月 22 日，https：//www.gov.cn/xinwen/2018 – 04/22/content_5284936.htm。

［62］农业农村部 中央网络安全和信息化委员会办公室关于印发《数字农业农村发展规划（2019—2025 年）》的通知，中国政府网，2019 年 12 月 25 日，https：//www.gov.cn/zhengce/zhengceku/2020 –

01/20/content_5470944. htm。

［63］《习近平：高举中国特色社会主义伟大旗帜 为全面建设社会主义现代化国家而团结奋斗——在中国共产党第二十次全国代表大会上的报告》，中国政府网，2022 年 10 月 16 日，https：//www. gov. cn/xinwen/2022－10/25/content_5721685. htm。

［64］《中共中央 国务院关于构建数据基础制度更好发挥数据要素作用的意见》〔2023 年第 1 号〕，中国政府网，2022 年 12 月 2 日，https：//www. gov. cn/gongbao/content/2023/content_5736707. htm。

［65］《第 52 次〈中国互联网络发展状况统计报告〉发布：我国网民规模达 10. 79 亿人》，人民网，2023 年 8 月 28 日，https：//finance. peo-ple. com. cn/n1/2023/0828/c1004－40065362. html。

［66］中共中央 国务院印发《数字中国建设整体布局规划》，中国政府网，2023 年 2 月 27 日，https：//www. gov. cn/zhengce/2023－02/27/content_5743484. htm。

［67］中共中央 国务院印发《党和国家机构改革方案》，2023 年第 9号，中国政府网，2023 年 3 月 16 日，https：//www. gov. cn/gongbao/content/2023/content_5748649. htm。

［68］人民日报社福建分社：《又一盛会将在福州举行!》［EB/OL］，发布于微信公众号"观八闽"，2023 年 3 月 18 日，https：//mp. weixin. qq. com/s/YS279GZJkEV3LXICAh9u6A。

［69］《2023 中国国际智能产业博览会高峰会举行》［EB/OL］，《重庆日报》，2023 年 9 月 4 日，https：//www. cq. cn/ywdt/jrcq/202309/t20230905_12303952. html。

［70］李政葳、孔繁鑫、穆子叶：《千年古镇邀你共赴"十年之约"》［N］，《光明日报》，2023 年 10 月 22 日，第 6 版。

［71］《习近平向 2023 年世界互联网大会乌镇峰会开幕式发表视频致辞》，《人民日报》，2023 年 11 月 8 日，https：//wap. peopleapp. com/article/7252154/7092329。

［72］《习近平向第二届全球数字贸易博览会致贺信》，中国政府网，2023 年 11 月 23 日，https：www. gov. cn/yaowen/liebiao/202311/content_

6916663. htm。

[73] 中共北京市委办公厅 北京市人民政府办公厅印发《北京市关于加快建设全球数字经济标杆城市的实施方案》的通知〔政府公报 2021 年第 31 期（总第 715 期）〕，北京市政府网，2021 年 7 月 30 日，https：//www. beijing. gov. cn/zhengce/zhengcefagui/202108/t20210803_2454581. html。

[74]《全国首个自动驾驶示范区数据安全管理办法在京发布》［EB/OL］，澎湃财讯，2023 年 5 月 12 日，https：//www. thepaper. cn/newsDetail_forward_23057514。

[75] 上海市人民政府关于印发《上海市进一步推进新型基础设施建设行动方案（2023—2026 年)》的通知（沪府〔2023〕51 号），上海市政府网，2023 年 9 月 15 日，https：//www. shanghai. gov. cn/nw12344/20231018/8050cb44699 0454fb932136c0b20ba4d. html。

[76]《上海市数据条例》，上海市政府网，2021 年 11 月 29 日，https：//www. shanghai. gov. cn/hqcyfz2/20230627/2f40bbe6ddf642b69e162cfe39a0f4a9. html。

[77] 中共浙江省委全面深化改革委员会关于印发《浙江省数字化改革总体方案》的通知（浙委改发〔2021〕2 号），2021 年 9 月 1 日。

[78]《浙江省公共数据条例》，浙江省政府网，2022 年 1 月 21 日，https：//www. zj. gov. cn/art/2022/2/11/art_1229641548_59709272. html。

[79] 福建省人民政府 关于印发福建省数字政府改革和建设总体方案的通知（闽政〔2022〕32 号），浙江省政府网，2023 年 1 月 12 日，http：//www. fujian. gov. cn/zwgk/zxwj/szfwj/202301/t20230112_6093488. htm。

[80] 广东省人民政府关于进一步深化数字政府改革建设的实施意见（粤府〔2023〕47 号），广东省政府网，2023 年 6 月 26 日，http：//www. gd. cn/zwgk/wjk/qbwj/yf/content/post_4206700. html。

[81] 广东省人民政府办公厅关于印发"数字湾区"建设三年行动方案的通知（粤办函〔2023〕297 号），广东省政府网，2023 年 11 月 7 日，http：//www. gd. cn/zwgk/gongbao/2023/31/content/post_4287722. html。

[82]《数字重庆建设拉开大幕》［N］，《重庆日报》，2023 年 4 月 25 日，https：//www. cq. gov. cn/ywdt/jrcq/202304/t20230425_11913913. html。

［83］《以数字化引领开创现代化新重庆建设新局面》［N］，《重庆日报》，2023 年 4 月 27 日，https：//www. cq. gov. cn/ywdt/jrcq/202304/t20230427_11918999. html。

［84］夏元、陈国栋、何春阳、王翔、卞立成、黄乔：《集中攻坚 推进数字重庆建设取得更大突破》［N］，《重庆日报》，2023 年 11 月 1 日，第4 版。

［85］《重庆市数据条例》，重庆市大数据应用发展管理局，2022 年 3月 30 日，https：//dsjj. cq. gov. cn/zwgk_533/fdzdgknr/lzyj/flfg/202208/t20220811_10995649. html。

［86］查建国、陈炼：《为国家安全提供坚实法治保障》［N］，《中国社会科学报》，2022 年 10 月 14 日，第 1 版。

［87］天际友盟双子实验室：《2023 中国关键信息基础设施数字风险防护报告》［EB/OL］，（2023. 6）［2023. 6］。

［88］《习近平出席全国网络安全和信息化工作会议并发表重要讲话》，中国政府网，2018 年 4 月 21 日，https：//www. gov. cn/xinwen/2018 - 04/21/content_5284783. htm。

［89］肖君拥，孟达华：《总体国家安全观视野中的信息网络安全法治研究》［J］，《网络空间安全》，2019 年第 5 期，第 7—11 页。

［90］总体国家安全观研究中心、中国现代国际关系研究院：《网络与国家安全》［M］，北京：时事出版社，2022. 4。

［91］毛韶阳、王志、李肯立：《即时通信的 PKI 保护策略研究》［J］，《湖南人文科技学院学报》，2007 年第 4 期，第 45—48 页。

［92］林众、毕野青：《论信息化战争中的新闻舆论战》［J］，《活力》，2013 年第 8 期，第 70—71 页。

［93］刘奇付、马宏恩：《网络环境下不良行为防治研究》［J］，《电脑知识与技术》，2012 年第 8 期，第 6232—6234 页。

［94］唐岚：《网络恐怖主义面面观》［J］，《国际资料信息》，2003年第 7 期，第 1—7 页。

［95］李峥：《全球新一轮技术民族主义及其影响》［J］，《现代国际关系》，2021 年第 3 期，第 31—39 页。

［96］《2022 年国内十大信息泄露事件》，赤峰市司法局，2023 年 1 月 4 日，http：//sfj. chifeng. gov. cn/sfj＿ztzl/wlaq/202301/t20230104＿1939517. html。

［97］安平：《国家安全机关会同有关部门开展涉外气象探测专项治理》［EB/OL］，（2023. 10），［2023. 11］。

［98］国家人工智能知识百问编写组：《国家人工智能安全知识百问》［M］，北京：人民出版社，2023.4。

［99］张先哲、马晓：《基于混合云的数据容灾备份方案研究》［J］，《网络安全技术与应用》，2022 年第 2 期，第 86—87 页。

［100］沈学雨、刘恺、李梓萱：《信息时代大数据应用的法律规制》［J］，《法制博览》，2022 年第 28 期，第 51—53 页。

［101］刘奕湛、刘硕：《国家安全部公布三起危害重要数据安全案例》［N］，《新华每日电讯》，2021 年 11 月 1 日，第 3 版。

［102］谢波、李晨炜：《生成式人工智能对犯罪和侦查的双重形塑及其演变逻辑》［J］，《中国人民公安大学学报（自然科学版)》，2023 年第 4 期，第 91—102 页。

［103］马珊珊、李斌斌、徐洋：《可信赖人工智能标准化研究》［J］，《信息技术与标准化》，2022 年第 9 期，第 46—54 页。

［104］钱立富、郝俊慧：《5G＋AI：新基建之"首"与"脑"》［N］，《IT 时报》，2020 年 7 月 17 日，第 4 版。

［105］腾讯安全朱雀实验室：《AI 安全技术与实战》［M］，北京：电子工业出版社，2022. 10。

［106］钟力：《论坛·人工智能安全丨生成式人工智能带来的数据安全挑战及应对》［J］，《中国信息安全》，2023 年第 7 期，第 83—85 页。

［107］周弋博：《CIA 发视频招募俄罗斯人刺探情报，还引用俄文豪诗句……》［EB/OL］，观察者网，2023 年 5 月 17 日，https：//baijiahao. baidu. com/s？id＝1766130095165624025。

［108］刘丹、廖泽婧：《公安部公布打击侵犯公民个人信息犯罪十大典型案例》［N］，《人民公安报》，2023 年 8 月 11 日，第 2 版。

［109］冯梦琦：《〈通用数据保护条例〉内容及实践浅析》［J］，《法

制与社会》，2019 年第 12 期，第 35—36 页。

［110］徐德顺：《英国数据保护和数字信息法案及其启示》［J］，《中国商界》，2023 年第 5 期，第 12—13 页。

［111］刘璐璐：《智能网联汽车安全成焦点》［J］，《网络安全和信息化》，2021 年第 9 期，第 40—42 页。

［112］《个人信息保护法的深远意义：中国与世界》［EB/OL］，中国人大网，2021 年 8 月 24 日，http：//www. npc. gov. cn/npc//c2/c30834/202108/t20210824_313195. html。

［113］贵州省人大常委会法制工作委员会：《〈贵州省大数据安全保障条例〉解读》［N］，《贵州日报》，2019 年 9 月 26 日，第 4 版。

［114］李克鹏、梅婧婷、郑斌、杜跃进：《大数据安全能力成熟度模型标准研究》［J］，《信息技术与标准化》，2016 年第 7 期，第 59—61 页。

［115］刘隽良、王月兵、覃锦端等编著：《数据安全实践指南》［M］，北京：机械工业出版社，2022.3。

［116］陈友梅、郭涛：《大数据时代下数据安全治理的研究与分析》［J］，《网络空间安全》，2023 年第 2 期，第 39—46 页。

［117］张逸然、耿慧拯、粟栗、陆黎、杨亭亭：《算力网络业务安全技术研究》［J］，《移动通信》，2022 年第 11 期，第 90—96 页。

［118］中国信通研究院：《数据安全治理实践指南（1.0）》［EB/OL］，（2021. 7）［2023. 7］。

［119］《数字安全能力洞察报告》［EB/OL］，中国软件评测中心、杭州安恒信息技术股份有限公司，2023 年 5 月 12 日，https：//www. cstc. org. cn/info/1365/247807. htm。

［120］中关村网络安全与信息化产业联盟数据安全治理专业委员会：《数据安全治理白皮书 4.0》［EB/OL］，（2022. 5）［2023. 9］。

［121］腾讯科技（深圳）有限公司、中国信息通信研究院云计算与大数据研究所：《数据安全治理与实践白皮书》［EB/OL］，（2023.6）［2023. 11］。

［122］赵俊湮：《数字经济发展趋势及我国的战略抉择》［J］，《中

国工业和信息化》，2022 年第 9 期，第 70—73 页。

［123］中国计算机用户协会系统应用产品用户分会（CSUA）：《中国企业数字化转型发展重点及趋势展望（2024）》［EB/OL］，（2023.12）［2023.12］。

［124］华为公司数据管理部：《华为数据之道》［M］，北京：机械工业出版社，2023.3。

［125］魏江、杨洋、邬爱其、陈亮等：《数字战略》［M］，杭州：浙江大学出版社，2021.12。

［126］周剑：《数字化转型十大趋势》［EB/OL］，数字化转型高峰论坛暨两化融合管理体系升级版贯标工作推进会，中国网，2023 年 3 月 30 日，https://fj.china.com.cn/Home/Index/article_show/id/28380.html。

［127］World Intellectual Property Organization："Global Innovation Index 2023 16th Edition"［EB/OL］，（2023.9）［2023.9］.

［128］Gartner："Hype Cycle for Security in China 2023"［EB/OL］，（2023.10）［2023.10］。

［129］第一新声：《2023 年中国信创产业研究报告》［R］，2023 年 5 月。

［130］胡俊平、曹金、董容容、高宏斌、王挺：《全民数字素养与技能评价的发展与实践进路》［J］，《科普研究》，2023 年第 5 期，第 5—13 页。

［131］《大语言模型、量子计算、再生稻等入选 2023 年度十大科技名词》，中国新闻网，2023 年 12 月 26 日，http://www.chinanews.com.cn/gn/2023/12－26/10135332.shtml。

［132］国际云安全联盟 CSA：《2024 年十大数字技术趋势与其安全挑战》［EB/OL］，（2024.1）［2024.1］。

［133］中国信息通信研究院：《脑机接口技术发展与应用研究报告（2023 年）》［EB/OL］，（2023.12）［2023.12］。

［134］中国信息通信研究院：《数字时代治理现代化研究报告（2023年）》［EB/OL］，（2023.12）［2023.12］。

［135］泰伯智库：《2024 年十大科技与产业趋势研究报告》［EB/

OL], (2024.1) [2024.1]。

[136] 中国信息通信研究院:《中国数字经济发展研究报告 (2023年)》[EB/OL], (2023.4) [2023.4]。

[137] 杨道玲、傅娟、邢玉冠:《"十四五"数字经济与实体经济融合发展亟待破解五大难题》[J],《中国发展观察》, 2022年第2期, 第65—69页。

[138] 中国科协:《时评丨打造数字命运共同体, 才能破解全球数字治理难题》[EB/OL], 百家号, 2023年12月28日, https://baijiahao. baidu. com/s? id = 1786526647483993147&wfr = spider&for = pc。

后记：以思维革新开创数字未来

人类历史见证了四次工业革命，每一次都深刻地改变了人们的生产方式和生活方式。第一次工业革命（1760—1840 年）开启了蒸汽时代，机器取代手工劳动，揭开了工业文明的序幕。第二次工业革命（1860—1950 年）催生了电气时代，汽车的兴起，推动了交通业的迅猛发展，加速了世界全球化。第三次工业革命（1950 年至今）带来了信息时代，信息资源快速流动，加快了全球化进程，创造了巨大财富。如今，第四次工业革命已经拉开帷幕，数字时代已然开启，数字技术快速迭代升级，将会使人类社会发生史无前例的剧变，带来前所未有的繁荣。

过去已去，未来已来，我们正在开创数字未来。习近平总书记指出："历史总是前行的，不等待犹豫、观望、懈怠、软弱者。只有与历史同步、与时代共命的人，才能赢得光明未来。"在第四次工业革命中，我们准确把握全球发展大势，高度重视数字化建设，围绕数字经济、网络强国、数字中国等方面作出了全面战略部署，充分发挥我国完整产业、市场规模、海量数据、人才丰富等优势，形成了建设数字中国的强大合力。目前，我国已建成全球规模最大、技术领先的数字基础设施，算力和数字经济总规模已稳居世界第二，数字中国建设取得显著成就。正如古人所言，"山不向我走来，我便向山走去"。如今，我们积极向"山"迈进，而"山"也积极向我们走来，双向奔赴，相互成就，我们必将迎来灿烂辉煌的数字未来。

守正创新，笃行不怠，我们要革新传统思维。我们所处的时代，是一个快速变化的时代，是一个竞争激烈的时代，是一个互联互通的时代，是一个迭代升级的时代。当今时代的重要特征是：唯一不变的是变化，唯一确定的是不确定，唯一稳定的是不稳定。面对世界百年未有之大变局，面对滚滚而来的数字化浪潮，因循守旧、故步自封只会自缚手脚，而提升认知、革新思维，准确识变，科学应变，主动求变，将奠定在数字时代的领先优势。

要舍弃封闭思维，树立开放思维，准确识变。数字社会迥异于传统社会。数字哲学从"万物皆数"到"数构万物"，即宇宙万物都可以通过数字语言来描述，数是万物的本源。数字时代的经济学、政治学、社会学等科学都将发生巨大甚至是本质上的变化，进而影响人类的价值体系、知识体系和生活方式。从以人为中心的世界观走向以数据为中心的世界观，这种转变不仅是一场技术革命，也是一场认知革命，更是一场思想观念和思维方式的革命，还是涉及战略、组织、管理、人才等的系统性变革和颠覆性创新。夜郎自大只会坐井观天，开放自强才能高瞻远瞩。因此，我们要革新传统思维，认清大势，把握趋势，顺势而为，应势而动。

要抛弃固定思维，拥抱成长思维，主动求变。数字时代是大数据、云计算和人工智能等数字技术迭代创新的时代，是人与技术共同进化的时代。这个时代的典型特点即：智能互联、知识透明、敏捷致胜、边界消失、创新无限。要适应数字时代，需要舍弃思维定式、建立全新的数字观念。数字和数字技术的断点非连续性、跨界融合性、突变颠覆性、分布式多中心性等特征，要求我们从传统的渐进式连续性线性观念转向非连续性生态观念、封闭式边界观念转向开放式跨界融合观念、基于资源与能力的渐进式弯道超车观念转向突破资源与能力的颠覆式创新变道超车观念、垂直式单一中心观念转向分布式多中心观念、非对称性单一聚焦压强观念转向对称性多项动态选择观念等。思路决定出路，观念就是财富，观念一变天地宽。要主动求变、持续学习，提升认知思维，跟上时代步伐。

要放弃单一创新思维，践行系统创新思维，科学应变。数字化是利用数字技术，对各类组织的业务模式、运营模式，进行系统化、整体性的变革，实现对组织的赋能和重塑。数字思维就是用数据说话、用数据管理、用数据决策、用数据创新的思维方式。数字工作方式依托组织在线、沟通在线、协调在线、业务在线、生态在线。数字管理是扁平化、透明化管理，每一个优秀的人都可被看到，每一个优秀的部门都可被发现，从而激发出个人和团队创造创新创优的激情。数字化正推动经济、文化、社会等各领域的信息化、智能化、绿色化发展。面对发展迅猛、不同过往的数字世界、数字中国、数字组织，传统的靠局部创新、小点突破已然无法推动全局性、系统性发展，因此要树立系统观念和体系思维，依托全面数字化推动思维理念、工作模式、应用场景等全方位、体系化的创新，进而带来更大的发展。

识势者智，顺势者赢，领势者独步天下。波澜壮阔的第四次工业革命已然开启，世界各国均在谋篇布局，中国不但要积极参与，更要引领未来。"志之所趋，无远弗届，穷山距海，不能限也。"让我们以梦为马，勇毅前行，在数字化、智能化和绿色化的大变革中抢得先机、拔得头筹，加快推进数字中国建设，加速构建数字人类命运共同体。

本书能顺利付梓，得益于多方面的支持与配合。在研究和编写过程中，作者得到了重庆市信息通信咨询设计院有限公司的指导和帮助，在此致以衷心的感谢！由衷感谢重庆大学、重庆邮电大学、西南政法大学等专家团队的全程参与和倾力支持。此外，非常感谢时事出版社的鼎力支持，正是出版社的专业能力和敬业付出使得本书能顺利出版发行，与广大读者见面。

2024年，将是新中国成立75周年，是实现"十四五"规划目标任务的关键一年，是为全面建设社会主义现代化国家奠定基础的重要一年。数字经济将继续扮演驱动经济增长的关键力量，数字社会将进一步演进。在此重要时机，笔者将自己对于数字化战略和数字化安全的研究成果、实践经验进行全面梳理并整理成书，希望帮助读者较为全面地了解全球数字化战略发展的现状和未来，对数字化发展带来的风险挑战有更为清晰的认识，为洞见数字化发展未来有更多有益的启发。笔者也将继续前行，持续关注数字化时代的发展，加强理论研究和实践运用，为读者朋友们呈现更多、更好的专业内容。